几类分数阶微分包含及方程的定性研究

杨敏 著

中国矿业大学出版社
· 徐州 ·

内 容 提 要

本书主要研究了四个方面的问题：研究了三类分数阶微分包含的逼近可控问题；考虑了一类具有非局部条件的 Hilfer 分数阶微分方程的适度解的存在性和唯一性；考虑了一类分数阶积分微分方程的伪周期解问题，且证明了伪 S-渐近 ω-周期函数具有平移不变性；考虑了由分数布朗运动驱动的 Riemann-Liouville 分数阶随机发展方程适度解的存在性. 本书可作为数学专业相关领域的研究生及教师的参考书。

图书在版编目(CIP)数据

几类分数阶微分包含及方程的定性研究/杨敏著. 徐州：中国矿业大学出版社，2025. 3. —ISBN 978-7-5646-6720-7

Ⅰ. O175.6

中国国家版本馆 CIP 数据核字第 20251SF255 号

书　　名　几类分数阶微分包含及方程的定性研究
著　　者　杨　敏
责任编辑　张　岩
出版发行　中国矿业大学出版社有限责任公司
（江苏省徐州市解放南路　邮编 221008）
营销热线　(0516)83885370　83884103
出版服务　(0516)83995789　83884920
网　　址　http://www.cumtp.com　**E-mail**：cumtpvip@cumtp.com
印　　刷　徐州中矿大印发科技有限公司
开　　本　787 mm×1092 mm　1/16　**印张** 9.25　**字数** 181 千字
版次印次　2025 年 3 月第 1 版　2025 年 3 月第 1 次印刷
定　　价　39.00 元
（图书出现印装质量问题，本社负责调换）

前　言

本书主要研究了四个方面的问题:第一,研究了三类分数阶微分包含的逼近可控问题;第二,考虑了一类具有非局部条件的 Hilfer 分数阶微分方程的适度解的存在性和唯一性;第三,考虑了一类分数阶积分微分方程的伪周期解问题,证明了伪 S-渐近 ω-周期函数具有平移不变性;第四,考虑了由分数布朗运动驱动的 Riemann-Liouville 分数阶随机发展方程适度解的存在性. 具体包含以下7章内容.

第1章,介绍了分数阶微积分、多值分析、非紧性测度、S-渐近 ω-周期函数的一些基础知识和基本定理,并且简要介绍了本书的主要研究工作.

第2章至第4章,研究了 Riemann-Liouville 分数阶微分包含和 Hilfer 分数阶微分包含,带有状态依赖时滞的分数阶中立型随机微分包含的逼近可控问题. 首先,分别将分数阶微分包含系统(2.2),(3.2)和(4.1)化为等价的积分包含. 然后,借助概率密度函数对等价的积分包含进行拉普拉斯变换和拉普拉斯逆变换,分别得到了这三个微分包含系统的适度解. 接着,基于不动点原理、分数阶微积分、多值分析和算子半群理论建立了这三类分数阶微分包含的适度解存在性定理. 最后,假设系统相对应的线性系统逼近可控,进而分别建立了逼近可控定理,并用三个具体的实例验证了所得结果的可行性.

第5章,在相关 C_0-半群是紧的或者非紧的情况下,考虑了一类带有非局部条件的 Hilfer 分数阶发展方程的适度解的存在性和唯一性.

第6章,考虑分数阶积分微分中立型方程的 p 类伪 S-渐近 ω-周期解的存在性和唯一性问题，证明了空间 $PSAPw,p(X)$ 是平移不变的，通过实例验证了所得结果的可行性.

第 7 章，考虑由分数布朗运动驱动的 Riemann-Liouville 分数阶随机发展方程适度解的存在性问题，并用具体的实例验证了所得结果的适用性.

非常感谢本书撰写过程中给予宝贵意见的各位老师和同学. 感谢国家自然科学基金青年科学基金项目(12001393)、山西省自然科学基金面上项目(202403021221029)的资助. 最后，感谢我的家人一直以来对我的默默支持与无私付出.

由于作者水平所限，再加上时间仓促，书中难免会有纰漏，殷切地期望读者朋友们给予批评指正.

杨　敏

2024 年 10 月

于山西太原

目　录

第1章 绪论

1.1 研究背景及研究意义

分数阶导数从1695 年由L'Hoptial (洛必达)向Leibniz (莱布尼兹)首次提出到现在已经有300 多年的历史了. 分数阶微积分是关于任意阶微分和积分的理论, 是整数阶微积分的推广. Euler (欧拉,1770)、Laplace (拉普拉斯,1812)、Liouville (刘维尔,1832)、Riemann (黎曼,1847)、Weyl (外尔,1919)、Riesz (里斯,1949) 等数学家对分数阶微积分都进行过专门的研究. 一方面,由于分数阶微积分在刻画具有记忆和遗传性质的材料和过程中具有建模简单、参数物理意义清楚、描述准确等优势, 所以分数阶微分方程(方程中含有分数阶导数)的研究在国际上引起了极大的关注和研究. 分数阶微分方程较整数阶微分方程更能精确地描述自然界中某些实际的科学问题. 诸如生物学、人口动力学, 以及其他一些具有世袭性质的领域都可以由分数阶微分方程作为模型 (见文献 [1,2]). 在过去的几十年里, 分数阶微分方程理论的研究得到了许多学者的青睐, 并且在实际中也得到了广泛的应用. 关于分数阶微分方程理论的研究与应用可参见文献 [3-30].

另一方面, 社会中的许多系统, 如某些经济系统、社会系统、生物系统、物理系统以及在未知干扰下的控制系统等, 存在很多未知因素及未建模部分, 使系统动态具有不确定性, 这时需要利用微分包含系统解决实际问题. 比如在物理领域中, 根据库伦摩擦力的基本定理, 物体受到的摩擦力的大小为 μN (其中 N 是支持力 ,μ 是摩擦系数), 方向与物体滑动方向相反, 但是当物体的滑动量为零时, 物体受到的摩擦力可以是相应的受力平面内任意小于等于 μN 的力, 这时就需要利用微分包含系统来描述摩擦力 μN 与物体的位置速度的函数关系. 早期的微分包含系统研究主要集中于研究解的性质, 比如解的存在性、唯一性、稳定性、有界性、周期性等.

系统地研究微分包含系统始于 20 世纪 70 年代后期. 微分包含系统的研究内容大致包括: 微分包含系统的不变集、回归集、吸引集、极限环、解的存在区间、解集的性质、解的最终有界性、界的估计、可达集的性质和计算以及最优控制变量 u 的选择. 目前, 较分数阶微分包含理论而言, 整数阶微分包含理论已经相对完善 (见文献 [31-45] 等). 在过去的十几年里, 分数阶微分包含理论的研究主要集中于适度解的存在性和可控性问题, 在动力系统的控制理论中, 由于精确可控性要求的条件严格 (见文献 [46-49] 等), 在无穷维动力系统中很难实现精确可控, 而逼近可控性在现实科学应用中完全能达到我们的要求, 所以关于微分动力系统的逼近可控性的研究引起了广泛的关注. 尤其是 Caputo (卡普托)分数阶微分包含的逼近可控性问题的研究得到了充分的发展 (见文献 [50-64]).

周期现象是一种比较简单的现象. 在现实世界中, 由于外界环境的干扰, 在许多实际问题中得到的数据与理论上的数据往往存在着一定的误差. 因此较周期现象而言, 概周期现象在自然科学和社会科学中更为普遍. 例如天体力学、机械振动、电力系统、动态学系统、经济学领域以及工程技术中的许多实际问题最终都可以转化为寻找微分方程的概周期解. 因而讨论各类微分方程的概周期解更切合实际, 也更能反映事物的本质和客观规律. 自从丹麦数学家 Bohr (玻尔)提出概周期函数之后, 概周期函数以及它的各种推广比如概自守函数、渐近概周期函数、渐近概自守函数、伪概周期函数、伪概自守函数已经被广泛研究, 参见 Bochner [65]、 Bohr [66]、N'Guérékata [67] 的著作, 文献 [68-83] 以及其中的引用文献.

在研究微分方程的解的行为理论中, 渐近周期问题是当前研究的一个活跃的课题. 2008 年, Henríquez 等[84]正式引入 S-渐近 ω-周期函数. 之后, S-渐近 ω-周期函数在泛函微分方程、积分微分方程、分数微分方程中得到广泛应用,这些方程的 S-渐近 ω-周期解的存在性和唯一性也广受关注 (参见文献 [85-93]). 2013 年, Pierri 和 Rolnik[94]引入了伪 S-渐近 ω- 周期函数的定义 (简写为 $PSAP_\omega$), 它是 S-渐近 ω- 周期解函数的自然推广. 另外,文献 [94] 还研究了一阶抽象中立型泛函微分方程的伪 S-渐近 ω-周期解的存在性和唯一性. 伪 S- 渐近 ω-周期函数的理论已经被证实在微分方程的几个分支方向上有着很有趣的应用, 并且已经吸引了一些学者的关注, 目前学者们对这个课题的兴趣仍然在增长. 读者可以参考文献 [69,95,96] 以及其中引用的结论.

1.2 分数阶微积分

本节我们给出分数阶微积分的一些基本定义和基本性质.

定义 1.1 [3] 一个函数 f 的 α 阶 Riemann - Liouville 型分数阶积分的定义为

$$I^\alpha f(t)=\frac{1}{\Gamma(\alpha)}\int_0^t \frac{f(s)}{(t-s)^{1-\alpha}}\mathrm{d}s,\ t>0,\ \alpha>0,$$

其中假设右式在 $[0,\infty)$ 上有定义.

定义 1.2 [3,8] 一个函数 f 的 α 阶 Riemann-Liouville 型分数阶导数的定义为

$$^{L}D^{\alpha}f(t)=\frac{1}{\Gamma(n-\alpha)}\frac{\mathrm{d}^n}{\mathrm{d}t^n}\int_0^t\frac{f(s)}{(t-s)^{\alpha+1-n}}\mathrm{d}s,\ t>0,\ n-1<\alpha\leq n,$$

其中 $n=[\alpha]+1$, 假设右式在 $[0,+\infty)$ 上有定义.

定义 1.3 [3,8] 一个函数 f 的 α 阶 Caputo 型分数阶导数的定义为

$$^{c}D^{\alpha}f(t)=\frac{1}{\Gamma(n-\alpha)}\int_0^t\frac{f^{(n)}(s)}{(t-s)^{\alpha+1-n}}\mathrm{d}s,\ t>0,\ n-1<\alpha\leq n,$$

其中 $n=[\alpha]+1$, 假设右式在 $[0,+\infty)$ 上有定义.

定义 1.4 [4,6](Hilfer 分数阶导数) 一个函数 f 的 $\gamma\ (0<\gamma<1)$ 阶 $\beta\ (0\leq\beta\leq 1)$ 类的 Hilfer 型分数阶导数的定义为

$$D_{a+}^{\beta,\gamma}f(t)=(I_{a+}^{\beta(1-\gamma)}D(I_{a+}^{(1-\beta)(1-\gamma)}f))(t),$$

其中 $D:=\dfrac{\mathrm{d}}{\mathrm{d}t}$.

注 1.1 [4,9] (i) 当 $\beta=0,\ 0<\gamma<1$ 且 $a=0$, Hilfer 型分数阶导数对应于经典的 Riemann–Liouville 型分数阶导数:

$$D_{0+}^{0,\gamma}f(t)=\frac{\mathrm{d}}{\mathrm{d}t}I_{0+}^{1-\gamma}f(t)={}^{L}D_{0+}^{\gamma}f(t).$$

(ii) 当 $\beta=1,\ 0<\gamma<1$ 且 $a=0$, Hilfer 型分数阶导数对应于经典的 Caputo 型分数阶导数

$$D_{0+}^{1,\gamma}f(t)=I_{0+}^{1-\gamma}\frac{\mathrm{d}}{\mathrm{d}t}f(t)={}^{c}D_{0+}^{\gamma}f(t).$$

1.3 C_0半群

令 X 是一个 Banach 空间, $B(X)$ 表示由 X 上的所有有界线性算子构成的集合.

定义 1.5 [97] 算子族 $\{T(t)\ t\geq 0\}$ 称为是半群, 若满足:

(i) $T(t)T(s)=T(t+s)$ 对 $t,s\geq 0$,

(ii) $T(0)=I$,这里 I 表示在 X 上的恒等算子.

定义 1.6 [97] 我们称算子半群 $\{T(t),\ t\geq 0\}$ 是强连续的 (或者是一个 C_0 半群), 若映射 $t\to T(t)x$ 是强连续的, 即对每个 x有,

$$\lim_{t\to 0^+} T(t)x=T(0)x=x,\ \forall\, x\in X.$$

定义 1.7 [97] 令 $\{T(t),\ t\geq 0\}$ 是定义在 X 上的 C_0 半群. $\{T(t),\ t\geq 0\}$ 的无穷小生成元定义为

$$A(x)=\lim_{t\to 0^+}\frac{T(t)x-T(0)x}{t},\ \forall\, x\in D(A),$$

其中 $D(A)=\left\{\lim\limits_{t\to 0^+}\dfrac{T(t)x-T(0)x}{t}\ \text{在}\ X\ \text{中存在}\right\}.$

引理 1.1 [3,8](Bochner's 定理) 一个可测函数 $Q:[0,a]\to E$ 是 Bochner 可积的如果 $|Q|$ 是 Lebesgue 可积的.

在本书中, 我们假定 $0\in\rho(A)$, 其中 $\rho(A)$ 是 A 的预解集, 则对 $\forall\,\eta,\ 0<\eta\leq 1$, 我们就可以定义一个定义在 $D(A^\eta)$ 上的闭线性算子 A^η (见文献 [9]). 对解析半群 $\{S(t)\}_{t\geq 0}$ 如下性质成立.

(i) 存在一个常数 $M\geq 1$ 使得

$$M:=\sup_{t\in[0,+\infty)} S(t)<+\infty; \tag{1.1}$$

(ii) 对任意的 $\eta\in(0,1]$, 存在一个正常数 C_η 使得

$$\|A^\eta S(t)\|\leq\frac{C_\eta}{t^\eta},\quad 0<t\leq b. \tag{1.2}$$

引理 1.2 [5,8] 算子 S_α 和 T_α 有如下性质.

(i) 对任意固定的 $t\geq 0$, $S_\alpha(t)$ 和 $T_\alpha(t)$ 是有界线性算子, 即对任意的 $x\in H$,

$$\|S_\alpha(t)x\|\leq M\|x\|\ \ \|T_\alpha(t)x\|\leq\frac{M}{\Gamma(\alpha)}\|x\|.$$

$\{S_\alpha(t)\}_{t\geq 0}$ 和 $\{T_\alpha(t)\}_{t\geq 0}$ 是强连续的.

(ii) 对任意的 $t>0$, 如果 $S(t),t>0$ 是紧的,则$S_\alpha(t)$ 和 $T_\alpha(t)$ 都是紧算子.

其中

$$S_\alpha(t)x=\int_0^\infty \phi_\alpha(\theta)S(t^\alpha\theta)x\mathrm{d}\theta,\quad T_\alpha(t)x=\int_0^\infty \alpha\theta\phi_\alpha(\theta)S(t^\alpha\theta)x\mathrm{d}\theta,$$

$$\phi_\alpha(\theta) = \frac{1}{\alpha}\theta^{-1-\frac{1}{\alpha}}\psi_\alpha(\theta^{\frac{-1}{\alpha}}),$$

$$\psi_\alpha(\theta) = \frac{1}{\pi}\sum_{n=1}^{\infty}(-1)^{n-}\theta^{-\alpha n-1}\frac{\Gamma(n\alpha+1)}{n!}\sin(n\pi\alpha),\ \theta\in(0,+\infty),$$

ϕ_α是定义在$(0,+\infty)$上的概率密度函数. 即$\phi_\alpha(\theta)\geq 0,\ \theta\in(0,+\infty)$,且$\int_0^\infty \phi_\alpha(\theta)\mathrm{d}\theta = 1$.

引理 1.3 [5,8] 对任意的$\beta\in(0,1)$, $\eta\in(0,1]$, 以及$\forall\ x\in D(A)$, 存在一个正常数C_η 使得

$$AT_\alpha(t)x = A^{1-\beta}T_\alpha(t)A^\beta x,\quad 0\leq t\leq b,$$

且

$$\|A^\eta T_\alpha(t)\| \leq \frac{\alpha C_\eta\Gamma(2-\eta)}{t^{\alpha\eta}\Gamma(1+\alpha(1-\eta))}\quad 0<t\leq b.$$

引理 1.4 [5,8] 对于$\sigma\in(0,1]$以及$0<a\leq b$, 我们有 $|a^\sigma - b^\sigma|\leq(b-a)^\sigma$.

1.4 多值分析

下面我们引入多值分析的一些基础知识. 详细可参见文献 [98-101].

令$(X,\|\cdot\|)$是一个 Banach 空间. 我们使用如下注记:

$\mathcal{P}(X) := \{X\in 2^X : X\neq\varnothing\}$, $\mathcal{P}_{cl}(X) := \{Y\in\mathcal{P}(X)\}$ 是闭的, $\mathcal{P}_b(X) := \{Y\in\mathcal{P}(X)\}$ 是有界的, $\mathcal{P}_{cv}(X) := \{Y\in\mathcal{P}(X)\}$ 是凸的,$\mathcal{P}_{cp}(X) := \{Y\in\mathcal{P}(X)\}$是紧的.

命题 1.1 [102] (1) 一个可测函数$u: J\to X$是Bochner 可积的,当且仅当$\|u\|$是Lebesgue 可积的.

(2) 一个多值映射$F: X\to 2^X$称为是凸值的(闭值的) ,如果对所有的$u\in X$, $F(u)$是凸的(闭的); 称为在有界集上是有界的, 如果对所有的$B\in\mathcal{P}_b(x)$ $F(B)=\bigcup_{u\in B}$ 在X上是有界的.

(3) 一个多值映射F称为在X是上半连续的(u.s.c.), 如果对每一个$u_0\in X$, 集合$F(u_0)$是X的一个非空闭子集, 且对每一个包含$F(u_0)$的X中的开子集Ω, 存在一个u_0的开邻域∇, 使得$F(\nabla)\subseteq\Omega$.

(4) 一个映射 F 称为是全连续的,如果对每一个 $B \in \mathcal{P}_b(X)$, $F(B)$ 是相对紧的. 如果多值映射 F 是一个有非空紧值的全连续映射, 则 F 是上半连续的当且仅当 F 有闭图像, 即 $u_n \to u$, $y_n \to y, y_n \in F(u_0)$ 能推出 $y \in F(u)$. 我们称 F 有不动点, 如果存在 $u \in X$, 使得 $u \in F(u)$.

(5) 一个多值映射 $F : J \to \mathcal{P}_{cl}(X)$ 称为是可测的, 如果对每一个 $u \in X, y : J \to R$ 是可测的, 其中 $y(t) = \mathrm{d}(u, F(t)) = \inf\{\|u - z\|, z \in F(t)\}$.

(6) 一个多值映射 $F : X \to 2^X$ 称为是凝聚的, 如果对任意的有界闭子集 $B \subset H, (\beta(B) \neq 0)$, 我们有 $\beta(F(B)) < \beta(B)$, 其中 $\beta(\cdot)$ 代表 Kuraowski 非紧性测度. Kuraowski 非紧性测度定义如下: $\beta(B) := \inf\{d > 0 : B$ 可以被有限个直径为$d\}$ 的球覆盖.

引理 1.5 [103] 令 J 为一个紧的实区间且令 X 为 Banach 空间, 对每一个固定的 $x \in X$, 多值映射 $F : J \times X \to \mathcal{P}_{b,cl,cv}(X)$ 关于 t 是可测的, 对每一个 $t \in J$, 多值映射 $F : J \times X \to \mathcal{P}_{b,cl,cv}(X)$ 关于 x 是上半连续的, 且对每一个 $x \in C(J, X)$, 集合 $S_{F,x} = \{f \in L^1(J, X) : f(t) \in F(t, x(t))$, 对几乎处处的 $t \in J\}$ 是非空的. 令 Γ 为一个从 $L^1(J, X)$ 到 $C(J, X)$ 的线性连续映射,那么算子

$$\Gamma \circ S_F : C(J, X) \to \mathcal{P}_{b,cl,cv}(C(J, X)),$$

$x \mapsto (\Gamma \circ S_F)(x) = \Gamma(S_{F,x})$ 是 $C(J, X) \times C(J, X)$ 中的一个闭图像算子.

引理 1.6 [102] 令 D 为 Banach 空间 X 中的非空有界闭凸子集. 假定 $F : D \to 2^D \setminus \{\varnothing\}$ 是上半连续的凝聚多值映射. 如果对每一个 $u \in X$, $F(u)$ 是一个闭凸集使得 $F(D) \subset D$, 那么 F 在 D 中有一个不动点.

引理 1.7 [4] (Darbo-Sadovskii's 不动点原理) 如果 B 是 Banach 空间 X 中的一个有界闭凸子集, $F : B \to B$ 是一个 α-压缩映射, 则映射 F 在 B 中至少有一个不动点.

引理 1.8 [5,8] (Krasnoselskii's 不动点定理) 令 X 是一个 Banach 空间, 令 B 为 X 中的有界闭凸子集, 令 F_1, F_2 是从 B 到 X 的映射, 使得对每一对 $x, y \in B$, 有 $F_1x + F_2y \in B$. 如果 F_1 是一个压缩映射且 F_2 是全连续的, 则方程 $F_1x + F_2x = x$ 在 B 上有一个解.

引理 1.9 [3,8] (Arzela-Ascoli 原理) 如果一个序列 $\{f_n\}$ 有界且等度连续, 那么它存在一个一致收敛的子序列.

1.5 非紧性测度

下面我们介绍关于非紧性测度的一些基本定义和性质.

定义 1.8 [104] 令 X 为一个 Banach 空间且 Ω_x 是 X 中的有界集, Kuratowski's 非紧性测度 $\alpha:\Omega_x\to[0,+\infty)$ 是由以下定义的映射 $\alpha(D)=\inf\{d>0: D\subseteq\cup_{i=1}^{n}D_i$ 且 $\mathrm{diam}(D_i)\le d\}$, 其中 $D\in\Omega_x$.

定义 1.9 [4] 映射 $F:B\subseteq X\to X$ 称为是一个 α-压缩,如果存在一个正常数 $k<1$ 使得对任意有界闭集 $B_0\subseteq B$, 有 $\alpha(F(B_0))\le k\alpha(B_0)$.

引理 1.10 [104] 非紧性测度 $\alpha(\cdot)$ 满足:

(i) 对 X 中所有的有界闭子集 D_1, D_2, $D_1\subseteq D_2$ 意味着 $\alpha(D_1)\le\alpha(D_2)$;

(ii) 对每一个 $x\in X$ 和每一个非空有界闭子集 $D\in X$; 有 $\alpha\{\{x\}\cup D\}=\alpha(D)$;

(iii) $\alpha(D_1)=0$ 当且仅当 D_1 在 X 中是相对紧的;

(iv) $\alpha(D_1+D_2)\le\alpha(D_1)+\alpha(D_2)$, 其中 $D_1+D_2=\{x+y: x\in D_1, y\in D_2\}$;

(v) $\alpha(D_1\cup D_2)\le\max\{\alpha(D_1),\alpha(D_2)\}$;

(vi) 对所有的 $\lambda\in R$, 有 $\alpha(\lambda D)\le|\lambda|\alpha(D)$;

对任意的 $W\in C(I,X)$, 我们定义

$$\int_0^t W(s)\mathrm{d}s=\{\int_0^t u(s)\mathrm{d}s: u\in W\},\ t\in J,$$

其中 $W(s)=\{u(s)\in X: u\in W\}$.

命题 1.2 [105] 如果 $W\in C(J,X)$ 是有界的且等度连续的, 则 $\bar{co}W\subset C(J,X)$ 也是有界的且是等度连续的.

引理 1.11 [106] 如果 $W\in C(J,X)$ 是有界的且等度连续的, 则 $t\to\alpha(W(t))$ 在 J 上是连续的且

$$\alpha(W)=\max_{t\in J}\alpha(W(t)),\ \ \alpha(\int_0^t W(s)\mathrm{d}s)\le\int_0^t\alpha(W(s)\mathrm{d}s),\ t\in J.$$

引理 1.12 [4] 令 B 为 Banach 空间 X 中的闭凸子集, 假定 $F: B\to B$ 是一个连续算

子且 $F(B)$ 是有界的. 对每一个有界子集 $B_0 \subset B$, 令

$$F^1(B_0) = F(B_0), \quad F^n(B_0) = F(\bar{co}(F^{n-1}(B_0))), \;\; n = 2, 3, \cdots$$

如果存在一个常数 $0 \leq k < 1$ 和一个正整数 n_0 使得对任意有界子集 $B_0 \subset B$,有

$$\alpha(F^{n_0}(B_0)) \leq k\alpha(B_0),$$

则存在一个非空的紧凸子集 $\hat{D} \subset B$ 使得 $F : \hat{D} \to \hat{D}$ 且$\alpha(F(\hat{D})) = 0$.

引理 1.13 [107] 令 $\{u_n\}_{n=1}^{\infty}$ 是一个从 J 到 X 的 Bochner 可积函数序列, 且对几乎所有的 $t \in J$ 和每一个 $n \geq 1$, 有 $|u_n(t)| \leq m(t)$, 其中 $m \in L(J, \mathbb{R}^+)$, 那么函数 $\psi(t) = \alpha(\{u_n\}_{n=1}^{\infty})$ 属于 $L(J, \mathbb{R}^+)$ 且满足

$$\alpha(\{\int_0^t u_n(s)\mathrm{d}s : n \geq 1\}) \leq 2\int_0^t \psi(s)\mathrm{d}s.$$

引理 1.14 [98] X 是一个 Banach 空间, 如果 $B \in X$ 是有界的, 则对每一个 $\varepsilon > 0$, 存在一个序列 $\{u_n\}_{n=1}^{\infty} \subset B$, 使得 $\alpha(B) \leq 2\alpha(\{u_n\}_{n=1}^{\infty}) + \varepsilon$.

1.6 S-渐近 ω-周期函数

我们现在介绍关于 S-渐近 ω-周期函数的一些基础知识和注记.

对于 $\forall\, \omega > 0$, 令 $C([0, +\infty), X)$ 代表从 $[0, +\infty)$ 到 X 的所有连续函数构成的集合. $C_b([0, +\infty), X)$ 代表从 $[0, +\infty)$ 到 X 的有界连续函数构成的集合.定义

$$C_b([0, +\infty), X) = \left\{x \in C_b([0, +\infty), X), \lim_{t \to +\infty} x(t) = 0\right\}.$$

$$C_\omega([0, +\infty), X) = \left\{x \in C_b([0, +\infty), X), \text{且 } x \text{是 } \omega \text{ 周期的}\right\}.$$

定义 1.10 [108] 一个集合 $\Omega \subseteq \mathbb{R}$ 称为是零遍历集如果

$$\lim_{r \to +\infty} \frac{\mathrm{mes}(Q_r \cap \Omega)}{\mathrm{mes}(Q_r)} = 0,$$

其中 mes 代表 Lebesgue 测度, $\mathbb{R}$ 代表实数集且 $Q_r = [-r, r]$.

定义 1.11 [68] $f: \mathbb{R} \to X$ 的 Bochner 变换 $f^b(t,s), t \in \mathbb{R}, s \in [0,1]$ 由 $f^b(t,s) := f(t+s)$ 定义.

定义 1.12 [68] 令 $p \in [1, +\infty)$, 空间 $BS^p(X)$ 是指数为 p 且由所有的有界可测函数 $f: \mathbb{R} \to X$ 构成的空间, 使得 $f^b \in L^\infty(\mathbb{R}, L^p(0,1;X))$. 且这样的函数在范数

$$\|f\|_{S^p} = \|f^b\|_{L^\infty(\mathbb{R}, L^p)} = \sup_{t\in\mathbb{R}} \left(\int_t^{t+1} \|f(\tau)\|^p \mathrm{d}\tau \right)^{\frac{1}{p}}$$

下构成一个 Banach 空间.

定义 1.13 [84] 一个函数 $f \in C_b([0,+\infty), X)$ 称为是渐近 ω-周期的, 如果存在函数 $g \in C_\omega([0,+\infty), X)$, $\varphi \in C_0([0,+\infty), X)$ 使得 $f = g + \varphi$. 记所有这样的函数构成的集合为 $AP_\omega([0,+\infty), X)$.

定义 1.14 [109,110] 一个函数 $f \in C_b([0,+\infty), X)$ 称为是 S-渐近 ω-周期的, 如果 $\lim\limits_{t\to+\infty} \|f(t+\omega) - f(t)\| = 0$. 在此情形下, 我们称 ω 是 f 的一个渐近周期.

我们使用记号 $SAP_\omega(X)$ (相应地, $AP_\omega(X)$) 代表 $C_b([0,+\infty), X)$ 中的由所有的 S-渐近 ω-周期函数(相应地, 渐近 ω-周期函数)构成的子空间. $SAP_\omega(X)$ 和 $AP_\omega(X)$ 在一致收敛范数意义下均为 Banach 空间.

定义 1.15 [84] 一个函数 $f \in C_b([0,+\infty), X)$ (相应地, $f \in C_b(\mathbb{R}, X)$) 称为是伪 S-渐近 ω-周期的如果 $\lim\limits_{t\to+\infty} \dfrac{1}{t} \displaystyle\int_0^t \|f(s+\omega) - f(s)\| \mathrm{d}s = 0$ (相应地, $\lim\limits_{t\to+\infty} \dfrac{1}{2t} \displaystyle\int_{-t}^t \|f(s+\omega) - f(s)\| \mathrm{d}s = 0$). 在此情形下, 我们就说 ω 是函数 f 的一个渐近周期.

我们使用记号 $PSAP_\omega(X)$ 代表 $C_b([0,+\infty), X)$ 中由所有的伪 S-渐近 ω- 周期函数构成的子空间. 易知 $PSAP_\omega(X)$ 在一致收敛范数意义下是 Banach 空间, 且 $AP_\omega(X) \hookrightarrow SAP_\omega(X) \hookrightarrow PSAP_\omega(X)$.

注 1.2 [103] 我们观察到 $u \in PSAP_\omega(X)$ 当且仅当对每一个 $\varepsilon > 0$, 集合 $C_\varepsilon = \Big\{ t \in [0,+\infty) : \|u(t+\omega) - u(t)\| \geq \varepsilon \Big\}$ 是一个零遍历集.

1.7 本书研究的主要问题

本书考虑四方面的问题:

(i) 分数阶微分包含的近似可控 (第2、3、4章);

(ii) 一类具有非局部条件的 Hilfer 分数阶微分方程的适度解的存在性(第5章);

(iii) 分数阶积分微分中立型方程的伪周期解的存在性(第6章);

(iv) 一类由分数布朗运动驱动的Riemann-Liouville分数阶随机发展方程适度解的存在性(第7章).

下面就这四个方面说明本书研究的几类问题.

问题一: Riemann-Liouville 分数阶微分包含的逼近可控性问题还很少被人们研究. 第2章我们主要讨论了阶数大于 $\frac{1}{2}$ 小于1 的 Riemann-Liouville 分数阶微分包含 (2.2) 的逼近可控性. 我们借助概率密度函数、拉普拉斯变换和拉普拉斯逆变换得到了系统的适度解. 然后利用分数阶微积分、半群理论、多值分析和不动点原理建立了系统 (2.2) 的适度解存在性定理. 最后在假定相对应的线性系统逼近能控的条件下得到系统 (2.2) 的逼近可控性定理.

问题二: Hilfer 分数阶导数是一种更广义的分数阶导数. Gu 和 Trujillo [9] 在 2015 年建立了 Hilfer 分数阶发展方程的适度解. Wang 和 Zhang [6] 研究了 Hilfer 分数阶微分方程的非局部初值问题. 然而在以前的研究工作中, Hilfer 分数阶导数的微分包含的逼近控制问题从未被研究过. 在第3章中, 利用与第2章中类似的方法, 我们主要讨论了带有非局部条件的 γ 阶 β 类的 Hilfer 分数阶微分包含的逼近可控性. 在我们的工作中, 我们首次考虑了 Hilfer 分数阶微分包含的逼近可控问题.

问题三: Caputo 分数阶微分包含的逼近可控性已经被广泛研究(见文献 [52,56,59-62]). 但是关于带有状态依赖时滞的 Caputo 分数阶中立型微分包含的逼近可控性的研究成果较少. 在第4章中, 我们主要讨论了带有状态依赖时滞的 Caputo 分数阶中立型随机微分包含 (4.1) 的逼近可控性.

问题四: Hilfer 分数阶导数也被称为广义的 Riemann-Liouville 分数阶导数. 目前关于 Hilfer 分数阶微分方程的研究仍然比较少. 第5章主要讨论了带有非局部条件的 Hilfer 分数阶发展方程适度解的存在性. 通过利用不动点原理和非紧性测度方法, 我们建立了几种新的准则来保证带有非局部条件的 Hilfer 分数阶发展方程 (5.2) 适度解的存在性和唯一性.

问题五: 关于一阶微分方程和二阶微分方程的伪 S-渐近 ω-周期解的存在性, 我们可参考文献 [70,94,111]. 然而关于分数阶微分方程的伪 S-渐近 ω- 周期解的存在性的研究却鲜有成果. 第 6 章我们应用扇形算子讨论了分数阶系统 (6.2) 的 p 类伪 S-渐近 ω-周期解的存在性和唯一性,并且证明了 p 类伪 S-渐近 ω-周期函数具有平移不变性.

问题六: 确定性的微分系统经常受到外部扰动, 比如随机噪声, 因此我们应该更多地研究随机微分系统. 第7章讨论一类分数布朗运动驱动的Riemann-Liouville分数阶随机发展方程 (7.1) 适度解的存在性, 并通过具体实例验证了所得结果的可行性.

第2章 Riemann-Liouville 分数阶微分包含的逼近可控性

2.1 研究背景及研究意义

本章主要研究 Riemann-Liouville 分数阶微分包含的逼近可控性.

分数阶微分包含的逼近可控性有着广泛的应用. 探讨分数阶微分包含的逼近可控性具有理论与实际意义. 分数阶微分包含的逼近可控问题已经得到广泛的研究. 其中带有无限时滞的 Caputo 分数阶随机微分包含的逼近可控问题读者可以参考文献 [53,57,59,60,64].

2013 年, Zhou 等 [12] 利用拉普拉斯变换和概率密度函数给出了如下的 Riemann-Liouville 分数阶微分方程的适度解

$$\begin{cases} {}^{L}D^{q}x(t) = Ax(t) + (Fx)(t), \quad t \in J^{'} = (0, b], \\ (I_{0+}^{1-q}x)(0) + g(x) = x_0, \end{cases} \tag{2.1}$$

其中, ${}^{L}D^{q}$ 是阶数为 q 的 Riemann-Liouville 的分数阶导数; I_{0+}^{1-q} 是阶数为 $1-q$ 的 Riemann-Liouville 的分数阶积分; A 是一个取值于 Banach 空间 X 的 C_0-半群 $\{S(t)\}_{t\geq 0}$ 的无穷小生成元; $F : C(J^{'}, X) \to L(J^{'}, X)$, $g : C(J^{'}, X) \to L(J^{'}, X)$ 是满足特定条件的函数. 文献 [112] 研究了 Riemann-Liouville 的分数阶脉冲中立微分方程的近似可控性. 基于此, 本章主要研究如下系统的逼近可控性

$$\begin{cases} {}^{L}D^{\alpha}[x(t) - h(t, x(t))] \in Ax(t) + F(t, x(t)) + Bu(t), \quad t \in J^{'} = (0, b], \\ I_{0+}^{1-\alpha}[x(t) - h(t, x(t))] \mid_{t=0} = x_0 \in H, \end{cases} \tag{2.2}$$

其中 ${}^{L}D^{\alpha}$ 是阶数为 $\frac{1}{2} < \alpha \leq 1$ 的 Riemann-Liouville 分数阶导数; $x(\cdot)$ 取值于 Banach 空间 X 中; $A : D(A) \subset X \to X$, 是一个取值于 Banach 空间 X 的解析半群 $\{S(t)\}_{t\geq 0}$ 的无穷小生成元; 控制函数 u 取值于 $L^2(J, U)$, U 是一个 Banach 空间; B 是一个从 U 到 X 的有界线性算子; $F : J \times X \to \mathcal{P}(X) := 2^X \setminus \varnothing$ 是一个非空有界闭凸多值映射; $h : J \times X \to X$ 满足特定的条件.

为了简便起见, 我们介绍一些记号. 令 $(X, \|\cdot\|_X)$ 代表一个 Banach 空间. 对于在 X 中的一致有界的解析半群 $\{S(t): t \geq 0\}$ 我们假定

$$\sup_{t\in[0,+\infty)} \|S(t)\| := M < +\infty.$$

令 $C(J, X)$ 代表从 $J = [0, b]$ 到 X 的由所有的 X-值连续函数构成的 Banach 空间. 其中范数的定义为 $\|x\|_C = \sup_{t\in J} \|x(t)\|_X$. 令 $J' = (0, b]$, 为了定义系统 (2.2) 的适度解, 建立 Banach 空间 $C_{1-\alpha}(J, X) = \{x \in C(J', X) : t^{1-\alpha}x(t) \in C(J, X)\}$, 其中范数的定义为

$$\|x\|_{C_{1-\alpha}} = \sup\{t^{1-\alpha}\|x(t)\|_X,\ t \in J\}.$$

2.2 适度解的存在性

在这一节, 我们证明了系统 (2.2) 的适度解的存在性定理.

引理 2.1 [107] 假设 $\xi, \eta \in \mathbb{R}$, 且 $\eta > -1$, 则当 $t > 0$ 时有,

$$(I_{0+}^{\xi}\frac{s^{\eta}}{\Gamma(\eta+1)})(t) = \begin{cases} \frac{t^{\xi+\eta}}{\Gamma(\xi+\eta+1)}, & \xi+\eta \neq -n, \\ & \qquad (n \in N^+) \\ 0, & \xi+\eta = -n. \end{cases}$$

引理 2.2 假设对几乎处处的 $t \in J$, $f \in S_{F,x} = \{f \in L^1(J, X) : f(t) \in F(t, x(t))\}$, 则系统

$$\begin{cases} {}^L D^{\alpha}[x(t) - h(t, x(t))] = Ax(t) + f(t) + Bu(t), \quad t \in J', \\ I_{0+}^{1-\alpha}[x(t) - h(t, x(t))] \mid_{t=0} = x_0 \in H \end{cases} \tag{2.3}$$

等价于积分方程

$$\begin{aligned} x(t) = \ & \frac{t^{\alpha-1}}{\Gamma(\alpha)}x_0 + h(t, x(t)) + \frac{1}{\Gamma(\alpha)}\int_0^t (t-s)^{\alpha-1}[Ax(s) + f(s)]\mathrm{d}s \\ & + \frac{1}{\Gamma(\alpha)}\int_0^t (t-s)^{\alpha-1}Bu(s)\mathrm{d}s, \quad t \in J'. \end{aligned} \tag{2.4}$$

证明: 充分性: 假设积分方程 (2.4) 成立, 则

$$
\begin{aligned}
&I_{0+}^{1-\alpha}[x(t)-h(t,x(t))] \\
&=I_{0+}^{1-\alpha}[\frac{t^{\alpha-1}}{\Gamma(\alpha)}x_0+\frac{1}{\Gamma(\alpha)}\int_0^t(t-s)^{\alpha-1}Ax(s)\mathrm{d}s \\
&+\frac{1}{\Gamma(\alpha)}\int_0^t(t-s)^{\alpha-1}f(s)\mathrm{d}s+\frac{1}{\Gamma(\alpha)}\int_0^t(t-s)^{\alpha-1}Bu(s)\mathrm{d}s] \\
&=x_0+\int_0^t Ax(s)\mathrm{d}s+\int_0^t f(s)\mathrm{d}s+\int_0^t Bu(s)\mathrm{d}s.
\end{aligned}
\tag{2.5}
$$

从而

$$
\begin{aligned}
{}^LD_{0+}^{\alpha}[x(t)-h(t,x(t))] &= \frac{\mathrm{d}}{\mathrm{d}t}I_{0+}^{1-\alpha}[x(t)-h(t,x(t))] \\
&= Ax(t)+f(t)+Bu(t),
\end{aligned}
\tag{2.6}
$$

且

$$
I_{0+}^{1-\alpha}[x(t)-h(t,x(t))]|_{t=0}=x_0.
$$

必要性: 假设式 (2.3) 成立, 则

$$
\begin{aligned}
&(I_{0+}^{\alpha}({}^LD_{0+}^{\alpha}))[x(t)-h(t,x(t))] \\
&=I_{0+}^{\alpha}[Ax(t)+f(t,x(t))+Bu(t)] \\
&=\frac{1}{\Gamma(\alpha)}\int_0^t(t-s)^{\alpha-1}[Ax(s)+f(s)+Bu(s)]\mathrm{d}s,\quad t\in J^{'}.
\end{aligned}
$$

另外

$$
\begin{aligned}
&(I_{0+}^{\alpha}({}^LD_{0+}^{\alpha}))[x(t)-h(t,x(t))] \\
&=x(t)-h(t,x(t))-\frac{t^{\alpha-1}}{\Gamma(\alpha)}(I_{0+}^{1-\alpha}[x(t)-h(t,x(t))])|_{t=0}) \\
&=x(t)-h(t,x(t))-\frac{t^{\alpha-1}}{\Gamma(\alpha)}x_0,\quad t\in J^{'}.
\end{aligned}
\tag{2.7}
$$

从而

$$
\begin{aligned}
x(t)= &\frac{t^{\alpha-1}}{\Gamma(\alpha)}x_0+h(t,x(t)) \\
&+\tfrac{1}{\Gamma(\alpha)}\int_0^t(t-s)^{\alpha-1}[Ax(s)+f(s)+Bu(s)]\mathrm{d}s,\quad t\in J^{'}.
\end{aligned}
\tag{2.8}
$$

证毕. □

引理 2.3 若

$$
\begin{aligned}
x(t)= & \frac{t^{\alpha-1}}{\Gamma(\alpha)}x_0+h(t,x(t))+\frac{1}{\Gamma(\alpha)}\int_0^t(t-s)^{\alpha-1}[Ax(s)+f(s)]\mathrm{d}s \\
& +\frac{1}{\Gamma(\alpha)}\int_0^t(t-s)^{\alpha-1}Bu(s)\mathrm{d}s,\quad t>0,
\end{aligned} \tag{2.9}
$$

则

$$
\begin{aligned}
x(t)= & t^{\alpha-1}T_\alpha(t)x_0+h(t,x(t)) \\
& +\int_0^t(t-s)^{\alpha-1}T_\alpha(t-s)f(s)\mathrm{d}s \\
& +\int_0^t(t-s)^{\alpha-1}AT_\alpha(t-s)h(s,x(s))\mathrm{d}s \\
& +\int_0^t(t-s)^{\alpha-1}T_\alpha(t-s)Bu(s)\mathrm{d}s,\ \ t>0.
\end{aligned} \tag{2.10}
$$

证明: 我们可参考文献 [5] 和 [12], 此处略. □

定义 2.1 一个函数 $x\in C_{1-\alpha}(J,X)$ 称为分数阶微分包含系统 (2.2) 的适度解, 如果下面的式子成立:

(1) $I_{0^+}^{1-\alpha}[x(t)-h(t,x(t))]\mid_{t=0}=x_0\in X$;

(2) $x(t)$ 在 $[0,b]$ 上是几乎处处连续的 , 并且对每一个 $s\in[0,t)$, 函数 $(t-s)^{\alpha-1}AT_\alpha(t-s)h(s,x(s))$ 是可积的;

(3) 存在 $f\in S_{F,x}$ 使得

$$
\begin{aligned}
x(t) &= t^{\alpha-1}T_\alpha(t)x_0+h(t,x(t))+\int_0^t(t-s)^{\alpha-1}T_\alpha(t-s)f(s)\mathrm{d}s \\
& +\int_0^t(t-s)^{\alpha-1}AT_\alpha(t-s)h(s,x(s))\mathrm{d}s \\
& +\int_0^t(t-s)^{\alpha-1}T_\alpha(t-s)Bu(s)\mathrm{d}s,\ \ t\in J',
\end{aligned}
$$

其中 $S_\alpha(t)$, $T_\alpha(t)$ 由引理 (1.2) 中定义.

为了简便, 我们引入一些记号:

$M_B=\|B\|$, $M_0=\|A^{-\beta}\|$, $c=\dfrac{\alpha-1}{1-p}$, $\Theta=\dfrac{b^{(1+c)(1-p)}}{(1+c)^{1-p}}$, $p\in(0,\alpha)$,

$$
M_1 = b^{1-\alpha}M_0L\Upsilon+\frac{b^{1-\alpha+\alpha\beta}C_{1-\beta}\Gamma(1+\beta)L}{\beta\Gamma(1+\alpha\beta)}\Upsilon
$$

$$+\frac{b^{1-\alpha}M\Theta\|P\|_{\frac{1}{p}}}{\Gamma(\alpha)}\Lambda+\frac{M^2M_B^2b^\alpha}{a\Gamma^2(\alpha)(2\alpha-1)}$$
$$\times[LM_0\Upsilon+\frac{M\Theta}{\Gamma(\alpha)}\Lambda\|P\|_{L^{\frac{1}{p}}}+\frac{b^{\alpha\beta}C_{1-\beta}\Gamma(1+\beta)L}{\beta\Gamma(1+\alpha\beta)}\Upsilon],$$

且

$$M_2=b^{1-\alpha}M_0L+\frac{b^{1-\alpha+\alpha\beta}C_{1-\beta}\Gamma(1+\beta)L}{\beta\Gamma(1+\alpha\beta)}.$$

在证明主要结果前, 我们需要下面的条件:

(H_1) 对每一个 $t>0$ 半群 $S(t)$ 是紧的,且对 $\forall a>0, \|a(R(a,\Gamma_0^b))\|\leq 1$.

(H_2) 多值映射 $F:J\times X\to\mathcal{P}_{b,cl,cv}(X)$ 满足:

(2a) 对每一个 $t\in J$, $F(t,\cdot):X\to X$ 是上半连续的, 且对每一个 $x\in X$, 函数 $F(\cdot,x):J\to X$ 关于 t 是强可测的, 且对每一个 $x\in X$, 集合 $S_{F,x}=\{f\in L^1(J,X):f(t)\in F(t,x(t))$, 对几乎处处的 $t\in J\}$ 是非空的;

(2b) 存在一个函数 $P(t)\in L^{\frac{1}{p}}(J), p\in(0,\alpha)$, 以及一个连续非降函数 $\psi:[0,+\infty)\to(0,+\infty)$, 使得对于任意 $(t,x)\in J\times X$ 有,

$$\|F(t,x(t))\|_X=\sup\{\|f(t)\|_X:f(t)\in F(t,x(t))\}\leq P(t)\times\psi(\|x\|_{C_{1-\alpha}}),$$

且

$$\lim_{r\to+\infty}\inf\frac{\psi(r)}{r}\mathrm{d}s=\Lambda<+\infty.$$

(H_3) 函数 $h:J\times X\to X$ 满足:

(3a) 对每一个 $t\in J$, $h:(t,\cdot):X\to X$ 是连续的. 且对每一个 $x\in X$, 函数 $h(\cdot,x):J\to X$ 是强可测的;

(3b) 存在一个常数 $\beta\in(0,1)$ 和 $L>0$ 使得 $h\in D(A^\beta)$ 且对任意的 $x,y\in X,t\in J$, 函数 $A^\beta h(\cdot,x)$ 是强可测的, 对所有的 $x,y\in C_{1-\alpha}(J,X),t\in J$, $A^\beta h(t,x(t))$ 满足

$$\|A^\beta h(t,x(t))-A^\beta h(t,y(t))\|\leq Lt^{1-\alpha}\|x-y\|\leq L\|x-y\|_{C_{1-\alpha}};$$

(3c) 存在连续非降函数 $\varphi:[0,+\infty)\to(0,+\infty)$ 以及一个常数 $r>0$, 使得对几乎处处的 $t\in J,x\in C_{1-\alpha}(J,X)$ 有,

$$\|A^\beta h(t,x(t))\|\leq L(1+\varphi(\|x\|_{C_{1-\alpha}})),\ \lim_{r\to+\infty}\inf\frac{\varphi(r)}{r}\mathrm{d}s=\Upsilon<\infty.$$

为了得到适度解, 引入两个相关的算子:

$$\Gamma_0^b=\int_0^b(b-s)^{2\alpha-2}T_\alpha(b-s)BB^*T_\alpha^*(b-s)\mathrm{d}s,\ \frac{1}{2}<\alpha\leq 1,$$

和

$$R(a,\Gamma_0^b)=(aI+\Gamma_0^b)^{-1},\quad a>0,$$

其中 B^* 和 $T_\alpha^*(t)$ 分别代表 B 和 $T_\alpha(t)$ 的伴随算子. 显然 Γ_0^b 是一个有界线性算子.

现在对任意的 $a>0$ 以及 $x_1\in X$, 令

$$u(t)=(b-t)^{\alpha-1}B^*T_\alpha^*(b-t)R(a,\Gamma_0^b)P(x(\cdot)),$$

其中

$$\begin{aligned}P(x(\cdot)) &= x_1-h(b,x(b))-b^{\alpha-1}T_\alpha(b)x_0-\int_0^b(b-s)^{\alpha-1}T_\alpha(b-s)f(s)\mathrm{d}s\\ &\quad -\int_0^b(b-s)^{\alpha-1}AT_\alpha(b-s)h(s,x(s))\mathrm{d}s.\end{aligned}$$

利用控制函数 u 定义算子 $\Psi: C_{1-\alpha}(J,X)\to 2^{C_{1-\alpha}(J,X)}$ 如下:

$$\begin{aligned}\Psi(x) &= \{\tau\in C_{1-\alpha}(J,X):\tau=t^{\alpha-1}T_\alpha(t)x_0+h(t,(t))\\ &\quad+\int_0^t(t-s)^{\alpha-1}T_\alpha(t-s)f(s)\mathrm{d}s\\ &\quad+\int_0^t(t-s)^{\alpha-1}AT_\alpha(t-s)h(s,x(s))\mathrm{d}s\\ &\quad+\int_0^t(t-s)^{\alpha-1}T_\alpha(t-s)Bu(s)\mathrm{d}s,\ f\in S_{F,x},\ t\in J'\}.\end{aligned}$$

令

$$\begin{aligned}(\Psi_1x)(t) &= h(t,x(t))+\int_0^t(t-s)^{\alpha-1}AT_\alpha(t-s)h(s,x(s))\mathrm{d}s,\quad t\in J',\\ (\Psi_2x)(t) &= t^{\alpha-1}T_\alpha(t)x_0+\int_0^t(t-s)^{\alpha-1}T_\alpha(t-s)f(s)\mathrm{d}s\\ &\quad+\int_0^t(t-s)^{\alpha-1}T_\alpha(t-s)Bu(s)\mathrm{d}s,\ t\in J'.\end{aligned}$$

根据假设 (H_3) 以及引理 2.3, 可以得到

$$\begin{aligned}&\int_0^t(t-s)^{\alpha-1}AT_\alpha(t-s)h(s,x(s))\mathrm{d}s\\ &=\int_0^t(t-s)^{\alpha-1}A^{1-\beta}T_\alpha(t-s)^{\alpha-1}A^\beta h(s,x(s))\mathrm{d}s\\ &\le\frac{b^{\alpha\beta}C_{1-\beta}\Gamma(1+\beta)L}{\beta\Gamma(1+\alpha\beta)}(1+\varphi(\|x\|_{C_{1-\alpha}})).\end{aligned}$$

根据假设 (H_2) 有,

$$\int_0^t (t-s)^{\alpha-1}T_\alpha(t-s)f(s)\mathrm{d}s \le \frac{M\psi(\|x\|_{C_{1-\alpha}})\Theta}{\Gamma(\alpha)}\|P\|_{L^{\frac{1}{p}}}.$$

从而

$$\begin{aligned}\|P(x(b))\| &\le \|x_1\| + b^{\alpha-1}\frac{M\|x_0\|}{\Gamma(\alpha)} + \|A^{-\beta}\|L(1+\varphi(\|x\|_{C_{1-\alpha}}))\\ &\quad + \frac{M\psi(r)\Theta}{\Gamma(\alpha)}\|P\|_{L^{\frac{1}{p}}} + \frac{b^{\alpha\beta}C_{1-\beta}\Gamma(1+\beta)L}{\beta\Gamma(1+\alpha\beta)}(1+\varphi(\|x\|_{C_{1-\alpha}})).\end{aligned}$$

从上面的估计, 可以得到

$$\begin{aligned}&\int_0^t (t-s)^{\alpha-1}\|u(s)\|\mathrm{d}s\\ &= \int_0^t (t-s)^{\alpha-1}(b-s)^{\alpha-1}\|B^*T_\alpha^*(b-s)R(a,\Gamma_0^b)P(x(b))\|\mathrm{d}s\\ &\le \frac{MM_Bb^{2\alpha-1}}{a\Gamma(\alpha)(2\alpha-1)} \times [\|x_1\| + b^{\alpha-1}\frac{M\|x_0\|}{\Gamma(\alpha)} + \|A^{-\beta}\|L(1+\varphi(\|x\|_{C_{1-\alpha}}))\\ &\quad + \frac{M\psi(r)\Theta}{\Gamma(\alpha)}\|P\|_{L^{\frac{1}{p}}} + \frac{b^{\alpha\beta}C_{1-\beta}\Gamma(1+\beta)L}{\beta\Gamma(1+\alpha\beta)}(1+\varphi(\|x\|_{C_{1-\alpha}}))].\end{aligned}$$

下面我们给出系统 (2.2) 的适度解存在性定理.

定理 2.1 假设 $(H_1)-(H_3)$ 成立, 则分数阶微分包含(2.2)有一个适度解只要 $M_1 < 1$ 且 $M_2 < 1$.

证明: 令 $B_q = \{x \in C_{1-\alpha}(J,X), \|x\|_{C_{1-\alpha}} \le q\}$. 显然, B_q 是 $C_{1-\alpha}(J,X)$ 中的一个有界闭凸子集. 我们现在把证明分为 6 步.

第 1 步. 我们将证明存在一个常数 $r = r(a)$ 使得 $\Psi(B_r) \subset B_r$.

事实上, 如果不存在这样的常数, 则对每一个正常数 r 存在 $x^{(r)} \in B_r$, $u^{(r)} \in L^2(J,X)$, 相对应于 $x^{(r)}$, 使得 $\Psi(x^{(r)}) \notin B_r$, 即

$$\begin{aligned}r &< \|\Psi(x^{(r)})\|_{C_{1-\alpha}}\\ &\le \sup_{t\in J'} t^{1-\alpha}\{t^{\alpha-1}T_\alpha(t)x_0 + h(t,x^{(r)}(t)) + \int_0^t (t-s)^{\alpha-1}T_\alpha(t-s)f(s)\mathrm{d}s\\ &\quad + \int_0^t (t-s)^{\alpha-1}AT_\alpha(t-s)h(s,x^{(r)}(s))\mathrm{d}s\end{aligned}$$

$$
\begin{aligned}
&+\int_0^t (t-s)^{\alpha-1}T_\alpha(t-s)Bu^{(r)}(s)\mathrm{d}s\}\\
\le&\frac{M}{\Gamma(\alpha)}\|x_0\|+b^{1-\alpha}\|A^{-\beta}\|\|L(1+\varphi\|x^{(r)}\|_{C_{1-\alpha}})\|\\
&+\frac{b^{1-\alpha+\alpha\beta}C_{1-\beta}\Gamma(1+\beta)L}{\beta\Gamma(1+\alpha\beta)}(1+\varphi\|x^{(r)}\|_{C_{1-\alpha}})\\
&+\frac{b^{1-\alpha}M\psi(r)\Theta\|P\|_{L^{\frac{1}{p}}}}{\Gamma(\alpha)}+\frac{M^2M_B^2b^\alpha}{a\Gamma^2(\alpha)(2\alpha-1)}\\
&\times[\|x_1\|+b^{\alpha-1}\frac{M\|x_0\|}{\Gamma(\alpha)}+M_0L(1+\varphi\|x^{(r)}\|_{C_{1-\alpha}})+\frac{M\psi(r)\Theta}{\Gamma(\alpha)}\|P\|_{L^{\frac{1}{p}}}\\
&+\frac{b^{\alpha\beta}C_{1-\beta}\Gamma(1+\beta)L}{\beta\Gamma(1+\alpha\beta)}(1+\varphi\|x\|_{C_{1-\alpha}})]\\
\le&\frac{M}{\Gamma(\alpha)}\|x_0\|+b^{1-\alpha}M_0L(1+\varphi(r))+\frac{b^{1-\alpha+\alpha\beta}C_{1-\beta}\Gamma(1+\beta)L}{\beta\Gamma(1+\alpha\beta)}(1+\varphi(r))\\
&+\frac{b^{1-\alpha}M\psi(r)\Theta\|P\|_{L^{\frac{1}{p}}}}{\Gamma(\alpha)}+\frac{M^2M_B^2b^\alpha}{a\Gamma^2(\alpha)(2\alpha-1)}\\
&\times[\|x_1\|+b^{\alpha-1}\frac{M\|x_0\|}{\Gamma(\alpha)}+M_0L(1+\varphi(r))+\frac{M\psi(r)\Theta}{\Gamma(\alpha)}\|P\|_{L^{\frac{1}{p}}}\\
&+\frac{b^{\alpha\beta}C_{1-\beta}\Gamma(1+\beta)L}{\beta\Gamma(1+\alpha\beta)}(1+\varphi(r))].
\end{aligned}
$$

两边同除以 r 并且令 $r\to+\infty$, 我们得到

$$
b^{1-\alpha}M_0L\Upsilon+\frac{b^{1-\alpha+\alpha\beta}C_{1-\beta}\Gamma(1+\beta)L}{\beta\Gamma(1+\alpha\beta)}\Upsilon+\frac{b^{1-\alpha}M\Theta\|P\|_{\frac{1}{p}}}{\Gamma(\alpha)}\Lambda+
$$
$$
\frac{M^2M_B^2b^\alpha}{a\Gamma^2(\alpha)(2\alpha-1)}\times[LM_0\Upsilon+\frac{M\Theta}{\Gamma(\alpha)}\Lambda\|P\|_{L^{\frac{1}{p}}}+\frac{b^{\alpha\beta}C_{1-\beta}\Gamma(1+\beta)L}{\beta\Gamma(1+\alpha\beta)}\Upsilon]>1,
$$

与定理 2.1 中 $M_2<1$ 矛盾. 因而, 这里存在常数 r 使得 Ψ 映 B_r 到自身.

第 2 步. 算子 $\Psi(x)$ 对每一个 $x\in B_r$ 是凸的.

令 $\eta_1,\eta_2\in\Psi(x)$, 则存在 $f_1,f_2\in S_{F,x}$ 使得

$$
\begin{aligned}
\eta_i(t)\ =\ & t^{\alpha-1}T_\alpha(t)x_0+h(t,x(t))+\int_0^t(t-s)^{\alpha-1}AT_\alpha(t-s)h(s,x(s))\mathrm{d}s\\
&+\int_0^t(t-s)^{\alpha-1}T_\alpha(t-s)f_i(s)\mathrm{d}s\\
&+\int_0^t(t-s)^{\alpha-1}(b-s)^{\alpha-1}T_\alpha(t-s)BB^*T_\alpha^*(b-s)
\end{aligned}
$$

$$\times R(a,\Gamma_0^b)[x_1-h(b,x(b))-b^{\alpha-1}T_\alpha(b)x_0$$
$$-\int_0^b(b-\tau)^{\alpha-1}T_\alpha(b-\tau)f_i(\tau)\mathrm{d}\tau$$
$$-\int_0^b(b-\tau)^{\alpha-1}AT_\alpha(b-\tau)h(\tau,x(\tau))\mathrm{d}\tau]\mathrm{d}s,\quad i=1,2.$$

令 $0\le\lambda\le 1$, 则对每一个 $t\in J'$ 有,

$$\begin{aligned}&\lambda\eta_1(t)+(1-\lambda)\eta_2(t)\\&=t^{\alpha-1}T_\alpha(t)x_0+h(t,x(t))+\int_0^t(t-s)^{\alpha-1}AT_\alpha(t-s)h(s,x(s))\mathrm{d}s\\&+\int_0^t(t-s)^{\alpha-1}T_\alpha(t-s)[\lambda f_1(s)+(1-\lambda)f_2(s)]\mathrm{d}s\\&+\int_0^t(t-s)^{\alpha-1}(b-s)^{\alpha-1}T_\alpha(t-s)\\&\times BB^*T_\alpha^*(b-s)R(a,\Gamma_0^b)\{x_1-h(b,x(b))-b^{\alpha-1}T_\alpha(b)x_0\\&-\int_0^b(b-\tau)^{\alpha-1}T_\alpha(b-\tau)\times[\lambda f_1(\tau)+(1-\lambda)f_2(\tau)]\mathrm{d}\tau\\&-\int_0^b(b-\tau)^{\alpha-1}AT_\alpha(b-\tau)h(\tau,x(\tau))\mathrm{d}\tau\}\mathrm{d}s.\end{aligned}$$

因为 $S_{F,x}$ 是凸的, $\lambda f_1+(1-\lambda)f_2\in S_{F,x}$, 从而 $\lambda\eta_1(t)+(1-\lambda)\eta_2(t)\in\Psi(x)$.

第 3 步. $\Psi(x)$ 对每一个 $x\in B_r$ 是闭的.

令 $\{z_n\}_{n\ge 0}\in\Psi(x)\in B_r$ 且 $z_n\to z\in B_r$, 则存在 $f_n\in S_{F,x}$ 使得对每一个 $t\in J'$,

$$\begin{aligned}z_n(t)=\ &t^{\alpha-1}T_\alpha(t)x_0+h(t,x(t))+\int_0^t(t-s)^{\alpha-1}AT_\alpha(t-s)h(s,x(s))\mathrm{d}s\\&+\int_0^t(t-s)^{\alpha-1}T_\alpha(t-s)f_n(s)\mathrm{d}s\\&+\int_0^t(t-s)^{\alpha-1}(b-s)^{\alpha-1}T_\alpha(t-s)BB^*T_\alpha^*(b-s)\\&\times R(a,\Gamma_0^b)[x_1-h(b,x(b))-b^{\alpha-1}T_\alpha(b)x_0\\&-\int_0^b(b-\tau)^{\alpha-1}T_\alpha(b-\tau)f_n(\tau)\mathrm{d}\tau\\&-\int_0^b(b-s)^{\alpha-1}AT_\alpha(b-\tau)h(\tau,x(\tau))\mathrm{d}\tau]\mathrm{d}s.\end{aligned}$$

根据文献 [102], 我们推出 $S_{F,x}$ 在 $L^1(J,X)$ 中是弱紧的, 从而推出 f_n 弱收敛到某

个 $f \in S_{F,x}$. 因此,

$$\begin{aligned} z_n(t) \to z(t) &= t^{\alpha-1}T_\alpha(t)x_0 + h(t,x(t)) \\ &+ \int_0^t (t-s)^{\alpha-1}AT_\alpha(t-s)h(s,x(s))\mathrm{d}s \\ &+ \int_0^t (t-s)^{\alpha-1}T_\alpha(t-s)f(s)\mathrm{d}s \\ &+ \int_0^t (t-s)^{\alpha-1}(b-s)^{\alpha-1}T_\alpha(t-s)BB^*T_\alpha^*(b-s)R(a,\Gamma_0^b) \\ &[x_1-h(b,x(b))-b^{\alpha-1}T_\alpha(b)x_0-\int_0^b (b-\tau)^{\alpha-1}T_\alpha(b-\tau)f(\tau)\mathrm{d}\tau \\ &- \int_0^b (b-s)^{\alpha-1}AT_\alpha(b-\tau)h(\tau,x(\tau))\mathrm{d}\tau]\mathrm{d}s. \end{aligned}$$

所以得到 $z \in \Psi(x)$.

第 4 步. Ψ_1 在 B_r 上是一个压缩映射.

对任意的 $x, y \in B_r$, 我们可推出

$$\begin{aligned} & \|(\Psi_1 x)(t) - (\Psi_1 y)(t)\|_{C_{1-\alpha}} \\ = & \sup_{t\in J'} t^{1-\alpha}\|(\Psi_1 x)(t) - (\Psi_2 x)(t)\| = \sup_{t\in(0,b]} t^{1-\alpha}\|h(t,x(t)) - h(t,y(t))\| \\ & + \sup_{t\in J'} t^{1-\alpha}\int_0^t (t-s)^{\alpha-1}AT_\alpha(t-s)[h(s,x(s)) - h(s,y(s))]\mathrm{d}s \\ \le & \sup_{t\in J'} t^{1-\alpha}\|A^{-\beta}\|\|A^\beta h(t,x(t)) - A^\beta h(t,y(t))\| \\ & + \sup_{t\in J'} t^{1-\alpha}\int_0^t (t-s)^{\alpha-1}A^{1-\beta}T_\alpha(t-s)\|A^\beta h(s,x(s)) - A^\beta h(s,y(s))\|\mathrm{d}s \\ \le & b^{1-\alpha}M_0L\|x-y\|_{C_{1-\alpha}} + \frac{b^{1-\alpha+\alpha\beta}C_{1-\beta}\Gamma(1+\beta)L}{\beta\Gamma(1+\alpha\beta)}\|x-y\|_{C_{1-\alpha}} \\ = & (b^{1-\alpha}M_0L + \frac{b^{1-\alpha+\alpha\beta}C_{1-\beta}\Gamma(1+\beta)L}{\beta\Gamma(1+\alpha\beta)})\|x-y\|_{C_{1-\alpha}}. \end{aligned}$$

从而, 根据定理 2.1 中的 $M_1 < 1$, 得知 Ψ_1 是压缩的.

第 5 步. Ψ_2 是全连续的.

我们将证明过程分为 3 步.

断言 1. Ψ_2 在 $C_{1-\alpha}(J,X)$ 中映有界集为一致有界集.

我们只要证明存在常数 Δ 使得对每一个 $\rho \in \Psi_2 x$, $x \in B_r$, 有 $\|\rho\|_{C_{1-\alpha}} \leq \Delta$. 事实上, 如果 $\rho \in \Psi_2 x$, 则存在 $f \in S_{F,x}$ 使得对每一个 $t \in J'$,

$$\rho(t) = t^{\alpha-1}T_\alpha(t)x_0 + \int_0^t (t-s)^{\alpha-1}T_\alpha(t-s)f(s)\mathrm{d}s + \int_0^t (t-s)^{\alpha-1}T_\alpha(t-s)Bu(s)\mathrm{d}s.$$

根据 Hölder 不等式, 我们得到

$$\begin{aligned}
\|\rho(t)\|_{C_{1-\alpha}} &= \sup_{t\in J'} t^{1-\alpha} \times \|t^{\alpha-1}T_\alpha(t)x_0 + \int_0^t (t-s)^{\alpha-1}T_\alpha(t-s)f(s)\mathrm{d}s \\
&\quad + \int_0^t (t-s)^{\alpha-1}T_\alpha(t-s)Bu(s)\mathrm{d}s\| \\
&\leq \frac{M}{\Gamma(\alpha)}\|x_0\| + \frac{b^{1-\alpha}M\psi(r)\Theta\|P\|_{L^{\frac{1}{p}}}}{\Gamma(\alpha)} + \frac{M^2M_B^2 b^\alpha}{a\Gamma^2(\alpha)(2\alpha-1)} \\
&\quad \times[\|x_1\| + b^{\alpha-1}\frac{M\|x_0\|}{\Gamma(\alpha)} + \|A^{-\beta}\|L(1+\varphi(r)) \\
&\quad + \frac{M\psi(r)\Theta}{\Gamma(\alpha)}\|P\|_{L^{\frac{1}{p}}} + \frac{b^{\alpha\beta}C_{1-\beta}\Gamma(1+\beta)L}{\beta\Gamma(1+\alpha\beta)}(1+\varphi(r))] \\
&:= \Delta.
\end{aligned}$$

从而对每一个 $\rho \in \Psi_2 x$, 有 $\|\rho(t)\|_{C_{1-\alpha}} \leq \Delta$.

断言 2. $\Psi_2(B_r)$ 在 B_r 中是等度连续的.

记 $E = \{y \in C(J,X) : y(t) = t^{1-\alpha}\Psi_2(x)(t), y(0) = y(0^+),\ x \in B_r\}$, 对每一个 $x \in B_r$ 存在 $f \in S_{F,x}$ 使得

$$\begin{aligned}
y(t) &= T_\alpha(t)x_0 + t^{1-\alpha}\int_0^t (t-s)^{\alpha-1}T_\alpha(t-s)f(s)\mathrm{d}s \\
&\quad + t^{1-\alpha}\int_0^t (t-s)^{\alpha-1}T_\alpha(t-s)Bu(s)\mathrm{d}s.
\end{aligned}$$

对于 $t_1 = 0$, $0 < t_2 \leq b$, 当 $t_2 \to 0$ 时, 易证 $\|y(t_2) - y(0)\| \to 0$, 对于 $0 < t_1 < t_2 \leq b$, 根据 $\{T_\alpha(t) : t \geq 0\}$ 的强连续性, 存在充分小的 $\varepsilon > 0$, 使得当 $|t_2 - t_1| < \varepsilon$ 时, 有 $\|T_\alpha(t_1) - T_\alpha(t_2)\| < \tau$. 另外, 令 $c = \dfrac{\alpha-1}{1-p}$, 则对任意的 $x \in B_r$ 有,

$$\begin{aligned}
&\|y(t_2) - y(t_1)\| \leq \sum_{i=1}^{8} I_i \\
= &\ \|t_2^{1-\alpha}[T_\alpha(t_2) - T_\alpha(t_1)]x_0\|
\end{aligned}$$

$$
\begin{aligned}
&+(t_2-t_1)^{1-\alpha}\|T_\alpha(t_1)]x_0\| \\
&+\|\int_0^{t_1}[t_2^{1-\alpha}(t_2-s)^{\alpha-1}-t_1^{1-\alpha}(t_1-s)^{\alpha-1}]T_\alpha(t_2-s)f(s)\mathrm{d}s\| \\
&+\|\int_0^{t_1}t_1^{1-\alpha}(t_1-s)^{\alpha-1}[T_\alpha(t_2-s)-T_\alpha(t_1-s)]f(s)\mathrm{d}s\| \\
&+t_2^{1-\alpha}\|\int_{t_1}^{t_2}(t_2-s)^{\alpha-1}T_\alpha(t_2-s)f(s)\mathrm{d}s\| \\
&+\|\int_0^{t_1}[t_2^{1-\alpha}(t_2-s)^{\alpha-1}-t_1^{1-\alpha}(t_1-s)^{\alpha-1}]T_\alpha(t_2-s)Bu(s)\mathrm{d}s\| \\
&+\|\int_0^{t_1}t_1^{1-\alpha}(t_1-s)^{\alpha-1}[T_\alpha(t_2-s)-T_\alpha(t_1-s)]Bu(s)\mathrm{d}s\| \\
&+t_2^{1-\alpha}\|\int_{t_1}^{t_2}(t_2-s)^{\alpha-1}T_\alpha(t_2-s)Bu(s)\mathrm{d}s\| \\
\le\ & b^{1-\alpha}\|T_\alpha(t_2)x_0-T_\alpha(t_1)x_0\| \\
&+(t_2-t_1)^{1-\alpha}\|T_\alpha(t_2)x_0-T_\alpha(t_1)x_0\| \\
&+\|\int_0^{t_1}[t_2^{1-\alpha}(t_2-s)^{\alpha-1}-t_1^{1-\alpha}(t_1-s)^{\alpha-1}]T_\alpha(t_2-s)f(s)\mathrm{d}s\| \\
&+b^{1-\alpha}\tau\psi(r)\|P\|_{L^{\frac{1}{p}}}\frac{t_1^{(1+c)(1-p)}}{(1+c)^{1-p}} \\
&+b^{1-\alpha}\frac{M}{\Gamma(\alpha)}\psi(r)\|P\|_{L^{\frac{1}{p}}}\frac{(t_2-t_1)^{(1+c)(1-p)}}{(1+c)^{1-p}} \\
&+b^{1-\alpha}\|\int_0^{t_1}[(t_2-s)^{\alpha-1}-(t_1-s)^{\alpha-1}]T_\alpha(t_2-s)Bu(s)\mathrm{d}s\| \\
&+b^{1-\alpha}\tau M_B\|\int_0^{t_1}(t_1-s)^{\alpha-1}u(s)\mathrm{d}s\| \\
&+b^{1-\alpha}\|\int_{t_1}^{t_2}(t_2-s)^{\alpha-1}T_\alpha(t_2-s)Bu(s)\mathrm{d}s\|=\sum_{i=1}^{8}I_i.
\end{aligned}
$$

其中

$$
\begin{aligned}
I_1 &= b^{1-\alpha}\|T_\alpha(t_2)x_0-T_\alpha(t_1)x_0\|, \\
I_2 &= (t_2-t_1)^{1-\alpha}\|T_\alpha(t_2)x_0-T_\alpha(t_1)x_0\|, \\
I_3 &= \|\int_0^{t_1}[t_2^{1-\alpha}(t_2-s)^{\alpha-1}-t_1^{1-\alpha}(t_1-s)^{\alpha-1}]T_\alpha(t_2-s)f(s)\mathrm{d}s\|, \\
I_4 &= b^{1-\alpha}\tau\psi(r)\|P\|_{L^{\frac{1}{p}}}\frac{t_1^{(1+c)(1-p)}}{(1+c)^{1-p}},
\end{aligned}
$$

$$
\begin{aligned}
I_5 &= b^{1-\alpha}\frac{M}{\Gamma(\alpha)}\psi(r)\|P\|_{L^{\frac{1}{p}}}\frac{(t_2-t_1)^{(1+c)(1-p)}}{(1+c)^{1-p}},\\
I_6 &= b^{1-\alpha}\|\int_0^{t_1}[(t_2-s)^{\alpha-1}-(t_1-s)^{\alpha-1}]T_\alpha(t_2-s)Bu(s)\mathrm{d}s\|,\\
I_7 &= b^{1-\alpha}\tau M_B\|\int_0^{t_1}(t_1-s)^{\alpha-1}u(s)\mathrm{d}s\|,\\
I_8 &= b^{1-\alpha}\|\int_{t_1}^{t_2}(t_2-s)^{\alpha-1}T_\alpha(t_2-s)Bu(s)\mathrm{d}s\|.
\end{aligned}
$$

显然, 当 $t_2-t_1\to 0$ 时, $I_2\to 0$. 又由于 $p\in(0,\alpha)$, 可以推出 $(1+c)(1-p)>0$, 从而当 $t_2-t_1\to 0$ 时, I_5 趋于零. 根据 $\{T_\alpha(t):\ t\geq 0\}$ 的强连续性, 可知当 $\varepsilon\to 0$ 时, $\tau\to 0$. 因此当 $t_2-t_1\to 0$ 时, I_1,I_4,I_7 趋于零.

对于 I_3, 根据引理 1.9 以及 $p\in(0,\alpha)$ 有,

$$
\begin{aligned}
I_3 &\leq b^{1-\alpha}[\frac{(t_2-t_1)^{(1+c)(1-p)}}{(1+c)^{1-p}}+\frac{|t_2^{(1+c)(1-p)}-t_1^{(1+c)(1-p)}|}{(1+c)^{1-p}}]\\
&\quad\times\frac{M}{\Gamma(\alpha)}\psi(\|x\|_{C_{1-\alpha}})\|P\|_{L^{\frac{1}{p}}}\\
&\leq 2b^{1-\alpha}\frac{(t_2-t_1)^{(1+c)(1-p)}}{(1+c)^{1-p}}\frac{M}{\Gamma(\alpha)}\psi(\|x\|_{C_{1-\alpha}})\|P\|_{L^{\frac{1}{p}}}.
\end{aligned}
$$

因此当 $t_2-t_1\to 0$ 时, I_3 趋于零.

根据 Lebesgue 控制收敛定理, 我们得出当 $t_2-t_1\to 0$ 时,

$$
\begin{aligned}
I_6 &\leq \|\int_0^{t_1}[t_2^{1-\alpha}(t_2-s)^{\alpha-1}-t_1^{1-\alpha}(t_1-s)^{\alpha-1}]T_\alpha(t_2-s)Bu(s)\mathrm{d}s\|\\
&\leq 2b^{1-\alpha}\frac{M}{\Gamma(\alpha)}M_B\|\int_0^{t_1}(t_2-s)^{\alpha-1}T_\alpha(t_2-s)u(s)\mathrm{d}s\|\to 0.
\end{aligned}
$$

注意到

$$
\begin{aligned}
I_8 &\leq b^{1-\alpha}\|\int_{t_1}^{t_2}(t_2-s)^{\alpha-1}T_\alpha(t_2-s)Bu(s)\mathrm{d}s\|\\
&\leq b^{1-\alpha}M_B\frac{M}{\Gamma(\alpha)}\|\int_{t_1}^{t_2}(t_2-s)^{\alpha-1}(b-s)^{\alpha-1}B^*T_\alpha^*(b-s)\\
&\quad a(R(a,\Gamma_0^b)P(x(b))\|.
\end{aligned}
$$

如果 $(t_2-s)^{\alpha-1}\leq(b-s)^{\alpha-1}$, 则

$$
I_8 \leq b^{1-\alpha}M_B\frac{M}{\Gamma(\alpha)}\|\int_{t_1}^{t_2}(t_2-s)^{\alpha-1}(b-s)^{\alpha-1}B^*T_\alpha^*(b-s)
$$

$$
\begin{aligned}
& a(R(a,\Gamma_0^b)P(x(b))\| \\
& \leq b^{1-\alpha}M_B\frac{M}{\Gamma(\alpha)}\|\int_{t_1}^{t_2}(b-s)^{2(\alpha-1)}B^*T_\alpha^*(b-s) \\
& a(R(a,\Gamma_0^b)P(x(b))\| \\
& \leq b^{1-\alpha}M_B^2(\frac{M}{\Gamma(\alpha)})^2\frac{1}{a}(\frac{(b-t_2)^{2\alpha-1}}{2\alpha-1}-\frac{(b-t_1)^{2\alpha-1}}{2\alpha-1})\|P(x(b))\| \\
& \leq b^{1-\alpha}M_B^2(\frac{M}{\Gamma(\alpha)})^2\frac{1}{a}\frac{(t_2-t_1)^{2\alpha-1}}{2\alpha-1}\|P(x(b))\|\to 0.
\end{aligned}
$$

如果 $(b-s)^{\alpha-1}\leq(t_2-s)^{\alpha-1}$, 用同样的方式, 可以证明当 $t_2-t_1\to 0$ 时, I_8 趋于0. 从而, $\{\Psi_2x:x\in B_r\}$ 在 B_r 上是等度连续的.

断言 3. $V(t)=\{\varpi(t),\ \varpi\in\Psi_2(B_r)\}$ 在 X 中是相对紧的.

令 $0<t\leq b$ 固定, 对于 $\forall\,\lambda\in(0,t)$ 以及 $\forall\,\delta>0$, $\varpi\in\Psi_2(B_r)$, 定义一个算子

$$
\begin{aligned}
\varpi^{\lambda,\delta}(t) &= t^{1-\alpha}T_\alpha(t)x_0+\alpha\int_0^{t-\lambda}\int_\delta^\infty\theta(t-s)^{\alpha-1}\phi_\alpha(\theta)S((t-s)^\alpha\theta) \\
&\quad\times[Bu(s)+f(s)]\mathrm{d}s \\
&= t^{1-\alpha}T_\alpha(t)x_0+\alpha S(\lambda^\alpha\theta)\int_0^{t-\lambda}\int_\delta^\infty\theta(t-s)^{\alpha-1}\phi_\alpha(\theta)S((t-s)^\alpha\theta-\lambda^\alpha\theta) \\
&\quad\times[Bu(s)+f(s)]\mathrm{d}s.
\end{aligned}
$$

根据 $S(\lambda^\alpha\delta)$, $\lambda^\alpha\delta>0$ 的紧性, 对 $\forall\,\lambda\in(0,t)$ 以及 $\forall\,\delta>0$, 我们得到集合 $V^{\varepsilon,\delta}(t)=\{\varpi^{\lambda,\delta}(t),\varpi\in\Psi_2^{\lambda,\delta}(B_r)\}$ 在 X 中是相对紧的.

另外, 对每一个 $x\in B_r$ 有,

$$
\begin{aligned}
& \|\varpi(t)-\varpi^{\lambda,\delta}(t)\|_{C_{1-\alpha}} \\
= & \ \alpha\sup_{t\in J'}t^{1-\alpha}\|\int_0^t\int_0^\delta\theta(t-s)^{\alpha-1}\phi_\alpha(\theta)S((t-s)^\alpha\theta)\times[f(s)+Bu(s)]\mathrm{d}s \\
& +\alpha\sup_{t\in J'}t^{1-\alpha}\int_0^t\int_\delta^\infty\theta(t-s)^{\alpha-1}\phi_\alpha(\theta)S((t-s)^\alpha\theta)\times[f(s)+Bu(s)]\mathrm{d}s \\
& -\alpha\sup_{t\in J'}t^{1-\alpha}\int_0^{t-\lambda}\int_\delta^\infty\theta(t-s)^{\alpha-1}\phi_\alpha(\theta)S((t-s)^\alpha\theta)\times[f(s)+Bu(s)]\mathrm{d}s\| \\
\leq & \ \alpha\sup_{t\in J'}t^{1-\alpha}\|\int_0^t\int_0^\delta\theta(t-s)^{\alpha-1}\phi_\alpha(\theta)S((t-s)^\alpha\theta)\times[f(s)+Bu(s)]\mathrm{d}s\| \\
& +\alpha\sup_{t\in J'}t^{1-\alpha}\|\int_{t-\lambda}^t\int_\delta^\infty\theta(t-s)^{\alpha-1}\phi_\alpha(\theta)S((t-s)^\alpha\theta)\times[f(s)+Bu(s)]\mathrm{d}s\|
\end{aligned}
$$

$$\begin{aligned}
&\leq \alpha b^{1-\alpha}M\Theta\psi(r)\|P\|_{L^{\frac{1}{p}}}\int_0^\delta\theta\phi_\alpha(\theta)d\theta+\frac{\alpha M^2M_B^2b^\alpha}{a\Gamma(\alpha)(2\alpha-1)}\times[\|x_1\|+b^{\alpha-1}\frac{M\|x_0\|}{\Gamma(\alpha)}\\
&\quad +M_0L(1+\varphi(\|x\|_{C_{1-\alpha}}))+\frac{M\Theta\psi(r)}{\Gamma(\alpha)}\|P\|_{L^{\frac{1}{p}}}+\frac{b^{\alpha\beta}C_{1-\beta}\Gamma(1+\beta)L}{\beta\Gamma(1+\alpha\beta)}\\
&\quad \times(1+\varphi(\|x\|_{C_{1-\alpha}}))]\int_0^\delta\theta\phi_\alpha(\theta)\mathrm{d}\theta+\alpha b^{1-\alpha}M\psi(r)\|P\|_{L^{\frac{1}{p}}}\frac{\lambda^{(1+c)(1-p)}}{(1+c)^{1-p}}\\
&\quad +\alpha b^{1-\alpha}M_B^2M\frac{\lambda^{2\alpha-1}}{a(2\alpha-1)}\frac{M}{\Gamma(\alpha)}[\|x_1\|+b^{\alpha-1}\frac{M\|x_0\|}{\Gamma(\alpha)}+M_0L(1+\varphi(\|x\|_{C_{1-\alpha}}))\\
&\quad +\frac{M\psi(r)\Theta}{\Gamma(\alpha)}\|P\|_{L^{\frac{1}{p}}}+\frac{b^{\alpha\beta}C_{1-\beta}\Gamma(1+\beta)L}{\beta\Gamma(1+\alpha\beta)}(1+\varphi(\|x\|_{C_{1-\alpha}}))]\frac{1}{\Gamma(1+\alpha)},
\end{aligned}$$

其中我们利用了等式

$$\int_0^\infty\theta^\xi\phi_\alpha(\theta)\mathrm{d}\theta=\int_0^\infty\frac{1}{\theta^{\alpha\xi}}\psi_\alpha(\theta)\mathrm{d}\theta=\frac{\Gamma(1+\xi)}{\Gamma(1+\alpha\xi)},\ \ \xi\in[0,1].$$

当$\lambda,\delta\to 0$时,上面的不等式右端趋于零. 从而得到$\|\varpi(t)-\varpi^{\lambda,\delta}(t)\|_{C_{1-\alpha}}\to 0$. 因为存在相对紧的的集合可任意接近集合$V(t)=\{\varpi(t),\ \varpi\in\Psi_2(B_r)\}$, 所以$V(t)=\{\varpi(t),\ \varpi\in\Psi_2(B_r)\}$在$X$是相对紧的.

根据断言 1 — 断言 3 以及 Arzola-Ascoli 定理可知,Ψ_2是一个有凸紧值的全连续的多值映射.

第 6 步. Ψ_2有闭图像.

令$x^{(n)}\to x^*(n\to+\infty)$, $\mu^{(n)}\in\Psi_2(x^{(n)})$, $\mu^{(n)}\to\mu^*\ (n\to+\infty)$. 我们将证明$\mu^*\in\Psi_2(x^*)$. 由于$\mu^{(n)}\in\Psi_2(x^{(n)})$, 所以存在$f^{(n)}\in S_{F,x^{(n)}}$使得对每一个$t\in J'$,

$$\begin{aligned}
\mu^{(n)}(t)&=t^{\alpha-1}T_\alpha(t)x_0+\int_0^t(t-s)^{\alpha-1}T_\alpha(t-s)f^{(n)}(s)\mathrm{d}s+\int_0^t(t-s)^{\alpha-1}(b-s)^{\alpha-1}\\
&\quad\times T_\alpha(t-s)BB^*T_\alpha^*(b-s)R(a,\Gamma_0^b)[x_1-h(b,x^{(n)}(b))\\
&\quad -b^{\alpha-1}T_\alpha(b)x_0-\int_0^b(b-\tau)^{\alpha-1}AT_\alpha(b-\tau)h(\tau,x^{(n)}(\tau))\mathrm{d}\tau\\
&\quad -\int_0^b(b-\tau)^{\alpha-1}T_\alpha(b-\tau)f^{(n)}(\tau)\mathrm{d}\tau]\mathrm{d}s.
\end{aligned}$$

我们必须证明存在某个$f^*\in S_{F,x^*}$使得对每一个$t\in J'$,

$$\mu^*(t)=t^{\alpha-1}T_\alpha(t)x_0+\int_0^t(t-s)^{\alpha-1}T_\alpha(t-s)f^*(s)\mathrm{d}s+\int_0^t(t-s)^{\alpha-1}(b-s)^{\alpha-1}$$

$$\times T_\alpha(t-s)BB^*T_\alpha^*(b-s)R(a,\Gamma_0^b)[x_1-h(b,x^*(b))$$
$$-b^{\alpha-1}T_\alpha(b)x_0-\int_0^b(b-\tau)^{\alpha-1}AT_\alpha(b-\tau)h(\tau,x^*(\tau))\mathrm{d}\tau$$
$$-\int_0^b(b-\tau)^{\alpha-1}T_\alpha(b-\tau)f^*(\tau)\mathrm{d}\tau]\mathrm{d}s.$$

考虑线性连续算子

$$\Gamma:L^{\frac{1}{p}}(J,X)\to C_{1-\alpha}(J,X),$$

其中

$$\begin{aligned}(\Gamma f)(t) &= \int_0^t(t-s)^{\alpha-1}T_\alpha(t-s)\times[f(s)-B(b-s)^{\alpha-1}B^*T_\alpha^*(b-s)R(0,\Gamma_0^b)\\ &\quad\times\int_0^b T_\alpha^*(b-\tau)(b-\tau)^{\alpha-1}\mathrm{d}\tau]\mathrm{d}s.\end{aligned}$$

显然, 根据引理 1.5 得到 $\Gamma\circ S_F$ 是一个闭图像算子.

又由于 $\mu^{(n)}\to\mu^*$, $(n\to+\infty)$, 可以得到当 $n\to+\infty$ 时,

$$\|(\mu^{(n)}(t)-t^{\alpha-1}T_\alpha(t)x_0-\int_0^t(t-s)^{\alpha-1}(b-s)^{\alpha-1}T_\alpha(t-s)BB^*T_\alpha^*(b-s)R(a,\Gamma_0^b)$$
$$\times[x_1-h(b,x^{(n)}(b))-b^{\alpha-1}T_\alpha(b)x_0-\int_0^b(b-s)^{\alpha-1}AT_\alpha(b-\tau)h(\tau,x^{(n)}(\tau))\mathrm{d}\tau]\mathrm{d}s)$$
$$-(\mu^*(t)-t^{\alpha-1}T_\alpha(t)x_0-\int_0^t(t-s)^{\alpha-1}(b-s)^{\alpha-1}T_\alpha(t-s)BB^*T_\alpha^*(b-s)R(a,\Gamma_0^b)$$
$$\times[x_1-h(b,x^*(b))-b^{\alpha-1}T_\alpha(b)x_0-\int_0^b(b-\tau)^{\alpha-1}AT_\alpha(b-\tau)h(\tau,x^*(\tau))\mathrm{d}\tau]\mathrm{d}s)\|$$
$$\to 0.$$

另外,

$$\begin{aligned}\mu^{(n)}(t) &- t^{\alpha-1}T_\alpha(t)x_0-\int_0^t(t-s)^{\alpha-1}T_\alpha(t-s)B(b-t)^{\alpha-1}B^*T_\alpha^*(b-t)R(a,\Gamma_0^b)\\ &\times [x_1-h(b,x^{(n)}(b))-b^{\alpha-1}T_\alpha(b)x_0\\ &- \int_0^b(b-s)^{\alpha-1}AT_\alpha(b-\tau)h(\tau,x^{(n)}(\tau))\mathrm{d}\tau]\mathrm{d}s\\ &\in \Gamma(S_{F,x^{(n)}}).\end{aligned}$$

由于 $x^{(n)} \to x^*$, 根据引理 1.5 可知对某个 $f^* \in S_{F,x}$ 有

$$\begin{aligned}\mu^*(t) \quad & -t^{\alpha-1}T_\alpha(t)x_0 - \int_0^t (t-s)^{\alpha-1}T_\alpha(t-s)B(b-t)^{\alpha-1}B^*T_\alpha^*(b-t)R(a,\Gamma_0^b) \\ & \times[x_1 - h(b,x^*(b)) - b^{\alpha-1}T_\alpha(b)x_0 - \int_0^b (b-s)^{\alpha-1}AT_\alpha(b-\tau)h(\tau,x^*(\tau))\mathrm{d}\tau]\mathrm{d}s \\ = \quad & \int_0^t (t-s)^{\alpha-1}T_\alpha(t-s)f^*(s)\mathrm{d}s - \int_0^t (t-s)^{\alpha-1}T_\alpha(t-s)BB^*T_\alpha^*(b-s)R(a,\Gamma_0^b) \\ & \times \int_0^b (b-\tau)^{\alpha-1}T_\alpha(b-\tau)f(\tau)\mathrm{d}\tau\mathrm{d}s.\end{aligned}$$

从而表明 $\mu^* \in \Psi_2$. 因此 $\Psi_2(x^*)$ 有闭图像所以第 $1-6$ 步证明完毕.

因为 Ψ_2 是一个有凸紧值的多值映射, 根据命题 1.1 (4), Ψ_2 是上半连续的. 另外, Ψ_1 是压缩映射. 从而 $\Psi = \Psi_1 + \Psi_2$ 是上半连续且凝聚的. 根据引理 1.6, Ψ 在 B_r 中有不动点且这个不动点恰好是系统 2.2 的适度解. 证毕. □

2.3 逼近可控性

考虑确定性线性系统

$$\begin{cases} {}^LD^\alpha x(t) \in Ax(t) + (Bv)(t), \quad t \in J' = (0,b], \\ I_t^{1-\alpha}x(t)|_{t=0} = x_0 \in H. \end{cases} \tag{2.11}$$

这里 $B: U \to X$ 是一个有界线性算子, $v \in= L^2(J,U)$.

定义 2.2. (可达集) 令 $x(b;u)$ 为系统 (2.2) 关于容许控制函数 u 在 b 时的状态, 然后我们引入集合 $\mathcal{R}(b,\phi) = \{x(b,u) : u(\cdot) \in L^2(J,U), x(0,u) = \phi\}$, 我们称这个集合为系统 (2.2) 的可达集.

定义 2.3 分数阶控制系统 (2.2) 称为在 J 上逼近可控, 若对任意的 $x(0) = \phi \in X$, 可达集的闭包 $\overline{\mathcal{R}(b,\phi)}$ 在 X 中稠密, 即对任意给定的 $\varepsilon > 0$, 动力系统可以从初始状态到达 X 中最终时刻 b 时的状态的任意 $\varepsilon-$领域内的一个状态.

注 2.1 假设线性分数控制系统 (2.11) 是逼近可控的. 则 (2.11) 逼近可控等价于当 $a \to 0^+$ 时, $aR(aI + \Gamma_0^b)$ 在强算子拓扑意义上趋于零. (见文献 [51])

接下来, 我们给出包含系统 (2.2) 的逼近可控结论.

定理2.2 假设定理2.1的条件成立, $F(s,x(s))$ 和 $A^{\beta}h(s,x(s))$ 是一致有界的. 另外, 假设线性系统(2.11)在 J 上是逼近可控的, 则系统(2.2)在 J 上也是逼近可控的.

证明: 在上面的假设之下, 我们知道算子 Ψ 在 B_r 中有一个不动点. 令 x^a 为 Ψ 在 B_r 中的不动点, 这意味着存在 $f^a \in S_{F,x}$ 使得

$$\begin{aligned}
x^a(t) &= t^{\alpha-1}T_\alpha(t)x_0 + h(t,x^a(t)) + \int_0^t (t-s)^{\alpha-1}T_\alpha(t-s)f^a(s)\mathrm{d}s \\
&\quad + \int_0^t (t-s)^{\alpha-1}AT_\alpha(b-s)h(s,x^a(s))\mathrm{d}s \\
&\quad + \int_0^b (t-s)^{\alpha-1}T_\alpha(b-s)BB^*T_\alpha^*(b-s)R(a,\Gamma_0^b) \\
&\quad \times[x_1 - h(b,x^a(b)) - b^{\alpha-1}T_\alpha(b)x_0 - \int_0^b (b-r)^{\alpha-1}T_\alpha(b-r)f^a(r)\mathrm{d}r \\
&\quad - \int_0^b (b-r)^{\alpha-1}AT_\alpha(b-r)h(r,x^a(r)\mathrm{d}r]\mathrm{d}s, \quad t \in J'
\end{aligned}$$

定义

$$\begin{aligned}
P(x^a) &= x_1 - b^{\alpha-1}T_\alpha(b)x_0 - h(b,x^a(b)) - \int_0^b (b-r)^{\alpha-1}T_\alpha(b-r)f(r,x^a(r))\mathrm{d}r \\
&\quad - \int_0^b (b-r)^{\alpha-1}AT_\alpha(b-s)h(r,x^a(r))\mathrm{d}r.
\end{aligned}$$

注意到 $I-\Gamma_0^bR(a,\Gamma_0^b)=aR(a,\Gamma_0^b)$, 则有

$$\begin{aligned}
x^a(b) &= b^{\alpha-1}T_\alpha(b)x_0 + h(b,x^a(b)) + \int_0^b (b-s)^{(\alpha-1)}T_\alpha(b-s)f^a(s)\mathrm{d}s \\
&\quad + \int_0^b (b-s)^{\alpha-1}AT_\alpha(b-s)h(s,x^a(s))\mathrm{d}s \\
&\quad + \int_0^b (b-s)^{2(\alpha-1)}T_\alpha(b-s)BB^*T_\alpha^*(b-s))R(a,\Gamma_0^b) \\
&\quad \times[x_1 - h(b,x^a(b)) - b^{\alpha-1}T_\alpha(b)x_0 - \int_0^b (b-r)^{\alpha-1}T_\alpha(b-r)f^a(r)\mathrm{d}r \\
&\quad - \int_0^b (b-r)^{\alpha-1}AT_\alpha(t-s)h(r,x^a(r))\mathrm{d}r]\mathrm{d}s \\
&= b^{\alpha-1}T_\alpha(b)x_0 + h(b,x^a(b)) + \int_0^b (b-s)^{\alpha-1}T_\alpha(b-s)f^a(s)\mathrm{d}s \\
&\quad + \int_0^b (b-s)^{\alpha-1}AT_\alpha(b-s)h^a(s)\mathrm{d}s + \Gamma_0^bR(a,\Gamma_0^b)P(x^a)
\end{aligned}$$

$$
\begin{aligned}
&= b^{\alpha-1}T_\alpha(b)x_0+h(b,x^a(b))+\int_0^b(b-s)^{\alpha-1}T_\alpha(b-s)f^a(s)\mathrm{d}s\\
&\quad+\int_0^b(b-s)^{\alpha-1}AT_\alpha(b-s)h(s,x^a(s))\mathrm{d}s+P(x^a)-aR(a,\Gamma_0^b)P(x^a)\\
&= x_1-aR(a,\Gamma_0^b)P(x^a).
\end{aligned}
$$

另外, 根据假设, 存在 $\bar{L}<\infty$ 使得 $\|f^a(s)\|\le\bar{L}$, $\|A^\beta h(s,x^a(s))\|\le\bar{L}$. 从而得到序列 $\{f^a(s)\}$ 和 $\{A^\beta h(s,x^a(s))\}$ 有子序列(仍记为 $\{f^a(s)\}$, $\{A^\beta h(s,x^a(s))\}$) 弱收敛到 $\{f(s)\}$ 和 $\{A^\beta h(s)\}$.

令

$$
\begin{aligned}
w &= x_1-b^{\alpha-1}T_\alpha(b)x_0-h(b)\\
&\quad-\int_0^b(b-s)^{\alpha-1}AT_\alpha(t-s)h(s)\mathrm{d}s\\
&\quad-\int_0^b(b-s)^{\alpha-1}T_\alpha(b-s)f(s)\mathrm{d}s.
\end{aligned}
$$

我们得出

$$
\begin{aligned}
&\|P(x^a)-w\|\\
\le&\ \|h(b,x^a(b))-h(b)\|\\
&+\left\|\int_0^b(b-s)^{\alpha-1}T_\alpha(b-s)[f^a(s)-f(s)]\mathrm{d}s\right\|\\
&+\left\|\int_0^b(b-s)^{\alpha-1}AT_\alpha(b-s)[h(s,x^a(s))-h(s)]\mathrm{d}s\right\|\\
=&\ M_0\|A^\beta[h(b,x^a(b))-h(b)]\|+\left\|\int_0^b(b-s)^{\alpha-1}T_\alpha(b-s)[f^a(s)-f(s)]\mathrm{d}s\right\|\\
&+\left\|\int_0^b(b-s)^{\alpha-1}A^{1-\beta}T_\alpha(b-s)A^\beta[h(s,x^a(s))-h(s)]\mathrm{d}s\right\|.
\end{aligned}
$$

半群 $\{T_\alpha(t),t>0\}$ 的紧性意味着存在 $f\in L^1(J,X)$ 和 $h\in D(A^\beta)$, 使得当 $a\to0^+$ 时,

$$
\begin{cases}
T_\alpha(b-s)f^a(s)\mathrm{d}s\to T_\alpha(b-s)f(s),\\
T_\alpha(b-s)A^\beta h(s,x^a(s))\mathrm{d}s\to T_\alpha(b-s)A^\beta h(s).
\end{cases}
\tag{2.12}
$$

另外, 根据系统(2.11)的逼近可控性以及注2.1可知,当在强算子拓扑意义上 $a\to0^+$ 时, $a(aI+\Gamma_0^b)^{-1}$ 趋于零. 因此, 当 $a\to0^+$ 时,

$$
\|x^a(b)-x_1\| = \|aR(a,\Gamma_0^b)P(x^a)\|
$$

$$\begin{aligned} &\le \|aR(a,\Gamma_0^b)(w)\| + \|aR(a,\Gamma_0^b)(P(x^a)-w))\| \\ &\le \|aR(a,\Gamma_0^b)w\| + \|(P(x^a)-w))\| \to 0. \end{aligned}$$

从而分数阶微分包含系统 (2.2) 在 J 上逼近可控. 证毕. □

2.4 实例

这一节我们将所得的结论应用在实例中, 我们考虑如下分数微分包含系统

$$\begin{cases} {}^LD^{\frac{3}{4}}(x(t,z)-\int_0^\pi V(z,y)x(t,y)\mathrm{d}y) \in x_{zz}(t,z)+\hat{F}(t,x(t)(z) \\ \qquad\qquad\qquad\qquad +\mu(t,z),\ \ t\in(0,1],\ z\in[0,\pi], \\ x(t,0)=x(t,\pi)=0,\quad t\in J=[0,1], \\ I^{\frac{1}{4}}(x(t,z)-\int_0^t V(z,y)x(t,y)\mathrm{d}y)\ |_{t=0}=x_0,\quad z\in[0,\pi], \end{cases} \tag{2.13}$$

其中 ${}^LD^{\frac{3}{4}}$ 是阶数为 $\dfrac{3}{4}$ 的 Riemann-Liouville 分数阶导数, $I^{\frac{1}{4}}$ 是阶数为 $\dfrac{1}{4}$ 的 Riemann-Liouville 积分, $z\in[0,\pi]$.

为了把上面的系统 (2.13) 写成系统 (2.2) 的抽象形式, 我们选择空间 $X=U=L^2[0,\pi]$. 定义一个算子 A 为 $Av=v''$, 定义域为 $D(A)=\{v\in X: v,v'$ 是全连续的, $v''\in X, v(0)=v(\pi)=0\}$. 那么 A 生成一个紧的解析自伴随的强连续半群 $\{S(t)_{t\ge0}\}$.

另外, A 有一个离散谱, 特征值是 $-n^2, n\in N$, 且有对应的特征向量. 那么 $Az=\sum\limits_{n=1}^{\infty} n^2\langle z,e_n\rangle e_n$. 另外, 我们知道

(i) 对每一个 $v\in X, S(t)v=\sum\limits_{n=1}^{\infty} e^{-n^2t}\langle v,e_n\rangle e_n$, 特别地, $S(\cdot)$ 是一个一致稳定半群且 $\|S(t)\|\le e^{-t}$,

(ii) 对每一个 $v\in H, A^{-\frac{1}{2}}v=\sum\limits_{n=1}^{\infty}\dfrac{1}{n}\langle v,e_n\rangle e_n$, 特别地, $\|A^{-\frac{1}{2}}\|=1$,

(iii) 算子 $A^{\frac{1}{2}}$ 在空间 $D(A^{\frac{1}{2}})=\{v(\cdot)\in X, \sum\limits_{n=1}^{\infty}\langle v,e_n\rangle e_n\in X\}$ 上可表示为 $A^{\frac{1}{2}}v=\sum\limits_{n=1}^{\infty} n\langle v,e_n\rangle e_n\in X$.

令 $x(t)(z)=x(t,z), t\in J, z\in[0,\pi]$. 定义有界线性算子 $B:U\to X$ 为 $Bu(t)(z)=\mu(t,z),\ 0<z<\pi$. $\mu: J\times[0,\pi]\to[0,\pi]$ 关于 t 是连续的. 函数 $h: J\times X\to X$ 可表示为 $h(t,x(t))(z)=\int_0^\pi V(z,y)x(t,y)\mathrm{d}y$.

令 $(V_hv)(z)=\int_0^\pi V(z,y)v(y)\mathrm{d}y$, 对于 $v\in E=L^2([0,\pi],R), z\in[0,\pi]$. $F: J\times X\to\mathcal{P}_{b,cl,cv}(X)$ 是一个由 $F(t,x(t))(z)=\hat{F}(t,x(t,z))$ 给出的多值映射且满足如下条件:

(a) 对每一个给定的 $x\in X$, $\hat{F}(t,x(t,z))$ 关于 t 是可测的关于 x 是上半连续的, 且对每一个 $x\in C_{1-\alpha}(J,X)$, 集合 $S_{F,x}=\{f\in L^1(J,X): f(t)\in F(t,x(t))\}$ 是非空的.

(b) 存在一个正常数 L 使得 $\|F(t,x(t))\|\leq L$.

另外, 假设如下条件成立:

(c)函数 $V(z,y), z,y\in[0,\pi]$ 是可测的且 $\int_0^\pi\int_0^\pi V^2(z,y)\mathrm{d}y\mathrm{d}z<+\infty$.

(d) 函数 $\partial_zV(z,y)$ 是可测的, $V(0,y)=V(\pi,y)=0$, 令

$$\bar{\Lambda}=\left(\int_0^\pi\int_0^\pi(\partial_zV(z,y))^2\mathrm{d}y\mathrm{d}z\right)^{\frac{1}{2}}<L<+\infty.$$

根据 (c) 可知 V_h 在 H 上是可测的. 另外, $V_h(v)\in D(A^{\frac{1}{2}})$, 且 $\|A^{\frac{1}{2}}V_h\|_{L^2[0,\pi]}<+\infty$.

根据 (d) 可知, $\bar{V}: X\to X$ 是一个有界线性算子且 $\|\bar{V}\|_{L^2[0.b]}\leq\bar{\Lambda}$. 因此我们可以写为 $\|A^{\frac{1}{2}}V_h(v)\|_{L^2[0,\pi]}=\|\bar{V}(v)\|_{L^2[0,\pi]}$.

根据对 A,B,F,h 作如上的选取, 系统 (2.13) 可以写成系统 (2.2) 的抽象形式. 另外, 假设系统 (2.2) 线性系统是逼近可控的且定理 2.1 的条件成立. 从而定理 2.2 的所有条件都成立. 因此, 根据定理 2.2, 分数微分包含 (2.13) 在 $[0,1]$ 上是逼近可控的但不是精确可控的.

第3章 具有非局部条件的 Hilfer 分数阶微分包含的逼近可控性

3.1 研究背景及研究意义

本章考虑具有非局部条件的 Hilfer 分数阶微分包含的逼近可控性.

在 2000 年, Hilfer [4] 提出了一种广义的 Riemann-Liouville 分数阶导数的定义(Hilfer 分数阶导数). Furati 等在文献 [14] 中研究了 Hilfer 分数阶微分方程的解的存在性和唯一性. 通过使用不动点原理和分数阶积分理论, Mahmudov 等 [62] 考虑了如下 Hilfer 分数阶微分方程的逼近可控性.

$$\begin{cases} D_{0+}^{v,\mu}x(t) = Ax(t) + f(t, x(t)) + Bu(t), & t \in J' = (0, b], \\ I_{0+}^{(1-v)(1-\mu)}x(0) = x_0, \end{cases} \tag{3.1}$$

其中 $D_{0+}^{v,\mu}$ 是 Hilfer 分数阶导数, 且 $0 \leq v \leq 1, 0 < \mu < 1$.

然而, 据我们所知, 带有非局部条件的 Hilfer 分数阶微分包含的逼近可控性还从未被研究过. 因此在本节中我们主要研究如下 Hilfer 分数阶微分包含系统的逼近可控性

$$\begin{cases} D_{0+}^{\beta,\gamma}x(t) \in Ax(t) + F(t, x(t)) + Bu(t), & t \in J' = (0, b], \\ I_{0+}^{(1-\beta)(1-\gamma)}[x(t)]|_{t=0} + h(x) = x_0, \end{cases} \tag{3.2}$$

其中 $D_{0+}^{\beta,\gamma}$ 代表 γ 阶 β 类的 Hilfer 分数阶导数, $0 \leq \beta \leq 1$, $\frac{1}{2} < \gamma < 1$, 状态 $x(\cdot)$ 取值于一个 Banach 空间 X 中(范数为 $\|\cdot\|$). 控制函数 u 取值于 $L^2(J, U)$, U 是一个 Banach 空间, A 是一个强连续半群 $\{S(t)\}_{t\geq 0}$ 的无穷小生成元, B 是一个从 U 到 X 中的有界线性算子, 令 $J = [0, b]$, $F : J \times X \to 2^X \setminus \varnothing$ 是一个满足某些条件的多值映射且 $x_0 \in X$, $h : C(J, X) \to X$ 是连续且紧的.

3.2 预备知识

在本章中, $C(J, X)$ 和 $C(J', X)$ 分别代表从 J 到 X 以及从 J' 到 X 的连续函数构

成的空间.

令 $\nu=\beta+\gamma-\beta\gamma$, 则 $1-\nu=(1-\beta)(1-\gamma)$. 定义 $C_{1-\nu}(J,X)=\{x: t^{1-\nu}x(t)\in C(J,X)\}$, 范数 $\|\cdot\|_\nu$ 如下定义 $\|x\|_\nu=\sup\{t^{1-\nu}\|x(t)\|,\ \nu=\beta+\gamma-\beta\gamma, t\in J'\}$. 显然, $C_{1-\nu}(J,X)$ 是一个 Banach 空间.

引理 3.1 分数阶包含系统 (3.2) 等价于如下积分包含

$$x(t)\in\frac{x_0-h(x)}{\Gamma(\beta(1-\gamma)+\gamma)}t^{\nu-1}+\frac{1}{\Gamma(\gamma)}\int_0^t(t-s)^{\gamma-1}[Ax(s)+F(s,x(s))+Bu(s)]\mathrm{d}s,\ t\in J'. \tag{3.3}$$

证明: 我们可以参考文献 [9], 此处略. □

为了定义系统 (3.2) 的适度解, 我们引入 Wright 函数 $M_\gamma(\theta)$, 其表达式为

$$M_\gamma(\theta)=\sum_{n=1}^{\infty}\frac{(-\theta)^{n-1}}{(n-1)\Gamma(1-\mu n)},0<\mu<1,\ \ \theta\in\mathbb{C},$$

对于 $\theta\geq 0$, 它满足如下等式 $\displaystyle\int_0^\infty\theta^\tau M_\gamma(\theta)\mathrm{d}\theta=\frac{\Gamma(1+\tau)}{\Gamma(1+\gamma\tau)}$.

引理 3.2 如果积分包含 (3.3) 成立, 则存在 $f\in L^1(J,X)$ 使得 $f(t)\in F(t,x(t))$ 并且有

$$x(t)=S_{\beta,\gamma}(t)[x_0-h(x)]+\int_0^t T_\gamma(t-s)f(s)\mathrm{d}s+\int_0^t T_\gamma(t-s)Bu(s)\mathrm{d}s,\ t\in J', \tag{3.4}$$

其中 $T_\gamma(t)=t^{\gamma-1}P_\gamma(t),\ P_\gamma(t)=\displaystyle\int_0^\infty\gamma\theta M_\gamma(\theta)S(t^\gamma\theta)\mathrm{d}\theta$, $S_{\beta,\gamma}(t)=I_{0^+}^{\beta(1-\gamma)}T_\gamma(t)$.

证明: 我们可以参考文献 [5] 和 [9], 此处略. □

为了引入一些必需的命题, 我们作如下假设:

(H_0) $S(t)$ 对于 $t\geq 0$ 在一致算子拓扑意义上是连续的 $\{S(t)\}_{t\geq 0}$ 是一致有界的, 即存在常数 $M>1$ 使得 $\sup_{t\in[0,+\infty)}|S(t)|<M$.

命题 3.1 [9] 假设 (H_0) 成立, $P_\gamma(t)$ 对于 $t\geq 0$ 在一致算子拓扑意义上是连续的.

命题 3.2 [9] 假设 (H_0) 成立, 对任意给定的 $t>0$, $\{T_\gamma(t)\}_{t>0}$ 和 $\{S_{\beta,\gamma}(t)\}_{t>0}$ 都是线性算子, 对任意的 $x\in X$,

$$\|T_\gamma(t)x\|\leq\frac{Mt^{\gamma-1}}{\Gamma(\gamma)}\|x\|,\ \ \|S_{\beta,\gamma}(t)x\|\leq\frac{Mt^{\nu-1}}{\Gamma(\beta(1-\gamma)+\gamma)}\|x\|.$$

命题 3.3 [9] 假设 (H_0) 成立, $\{T_\gamma(t)\}_{t>0}$ 且 $\{S_{\beta,\gamma}(t)\}_{t>0}$ 是强连续的, 即对任意的 $x \in X$, 和 $0 < t^{'} < t^{''} \leq b$, 当 $t^{''} \to t^{'}$ 时, 有

$$\|T_\gamma(t^{'})x - T_\gamma(t^{''})x\| \to 0 \text{ 且 } \|S_{\beta,\gamma}(t^{'})x - S_{\beta,\gamma}(t^{''})x\| \to 0,$$

令 $(X, \|\cdot\|)$ 为一个 Banach 空间. 我们将使用如下标记:

$\mathcal{P}(X) := \{Y \in 2^Y : Y \neq \emptyset\}$, $\mathcal{P}_{cl}(X) := \{Y \in \mathcal{P}(X)\}$ 是闭的, $\mathcal{P}_b(X) := \{Y \in \mathcal{P}(X)\}$ 是有界的, $\mathcal{P}_{cv}(X) := \{Y \in \mathcal{P}(X)\}$ 是凸的, $\mathcal{P}_{cp}(X) := \{Y \in \mathcal{P}(X)\}$ 是紧的.

定义 3.1 我们称 $x \in C_{1-\nu}(J,\ X)$ 是系统 (3.2) 的适度解, 如果满足:

(1) $I_{0+}^{1-\gamma} x(t) \mid_{t=0} + h(x) = x_0 \in X$;

(2) 存在 $f \in L^1(J, X)$ 使得 $f(t) \in F(t, x(t))$ 且

$$x(t) = S_{\beta,\gamma}(t)[x_0 - h(x)] + \int_0^t T_\gamma(t-s)f(s)\mathrm{d}s + \int_0^t T_\gamma(t-s)Bu(s)\mathrm{d}s,\ t \in J^{'}.$$

因为 $T_\gamma(t) = t^{\gamma-1}P_\gamma(t)$, 则上面的方程等价于

$$\begin{aligned} x(t) &= S_{\beta,\gamma}(t)[x_0 - h(x)] + \int_0^t (t-s)^{\gamma-1}P_\gamma(t-s)f(s)\mathrm{d}s \\ &\quad + \int_0^t (t-s)^{\gamma-1}P_\gamma(t-s)Bu(s)\mathrm{d}s,\ t \in J^{'}. \end{aligned}$$

为了研究非线性控制系统 (3.2) 的逼近可控性, 我们首先考虑如下线性系统的逼近可控性

$$\begin{cases} D_{0+}^{\beta,\gamma} x(t) \in Ax(t) + (Bv)(t), & t \in J^{'} = (0, b], \\ I_{0+}^{(1-\beta)(1-\gamma)} x(t)|_{t=0} = x_0. \end{cases} \tag{3.5}$$

其中 $B: U \to X$ 是一个有界线性算子, $v \in L^2(J, U)$.

定义 3.2 系统 (3.5) 称为在 J 上逼近可控, 如果对任意的 $x_0 \in X$, 可达集的闭包 $\overline{\mathcal{R}(b, \phi)}$ 在 X 中稠密, 即对任意给定的 $\varepsilon > 0$, 动力系统可以从初始状态到达 X 中最终时刻 b 时的状态的任意 $\varepsilon-$领域内的一个状态.

注 3.1 假设线性分数控制系统 (3.5) 是逼近可控的. 系统 (3.5) 逼近可控等价于当 $a \to 0^+$ 时, $aR(aI + \Gamma_0^b)$ 在强算子拓扑意义上趋于零(见文献 [20]).

3.3 适度解的存在性

本节给出系统 (3.2) 的适度解存在性定理.

为了简便, 我们引入一些符号:

$c=\dfrac{\gamma-1}{1-p},\ \Theta=\dfrac{b^{(1+c)(1-p)}}{(1+c)^{1-p}},\ p\in(0,\gamma)$.

在证明主要结论前, 我们需要作如下假设:

(H_1) 对每一个 $t>0$, $S(t)$ 是紧的, 且对任意的 $a>0$, $\|a(R(a,\Gamma_0^b))\|\le 1$;

(H_2) 对任意的 $t\in J$, 函数 $f(t,\cdot):X\to X$ 是连续的且对每一个 $x\in X$, 函数 $f(\cdot,x(t)):J\to X$ 是强可测的;

(H_3) 多值映射 $F:J\times X\to\mathcal{P}_{b,cl,cv}(X)$ 满足:

(3a) 对每一个 $t\in J$, $F(t,\cdot):H\to X$ 是上半连续的, 且对每一个 $x\in X$, 函数 $F(\cdot,x):J\to X$ 关于 t 是强可测的, 且对每一个 $x\in X$, 集合 $S_{F,x}=\{f\in L^1(J,X):f(t)\in F(t,x(t))$, 对几乎处处的 $t\in J\}$ 是非空的;

(3b) 存在函数 $Q(t)\in L^{\frac{1}{p}}(J), p\in(0,\gamma)$ 以及一个连续非降函数 $\Omega:[0,+\infty)\to(0,+\infty)$, 使得对任意的 $(t,x)\in J\times X$ 有 $\|F(t,x(t))\|=\sup_{t\in J}\{\|f(t)\|:f(t)\in F(t,x(t))\}\le Q(t)\times\Omega(t^{1-\gamma}\|x(t)\|)$, $\displaystyle\lim_{r\to+\infty}\inf\frac{\Omega(r)}{r}=\Lambda<+\infty$;

(H_4) $h:C(J;X)\to X$ 是连续且紧的, 且存在正常数 L 使得 $\|h(x_1)-h(x_2)\|\le L\|x_1-x_2\|_\nu$;

(H_5) $\left(1+\dfrac{M^2M_B^2b^{2\gamma-1}}{a\Gamma^2(\gamma)\Gamma(2\gamma-1)}\right)\left(\dfrac{M\Gamma(\gamma)}{\Gamma(\beta(1-\gamma)+\gamma)}L+\dfrac{b^{1-\nu}M\Theta\|Q\|_{\frac{1}{p}}}{\Gamma(\gamma)}\Lambda\right)<1$.

我们先引入两个相关的算子:

$$\Gamma_0^b=\int_0^b(b-s)^{2\gamma-2}P_\gamma(b-s)BB^*P_\gamma^*(b-s)ds,\ \ \frac{1}{2}<\gamma<1, \tag{3.6}$$

以及

$$R(a,\Gamma_0^b)=(aI+\Gamma_0^b)^{-1},\quad a>0, \tag{3.7}$$

其中 B^* 和 $P_\alpha^*(t)$ 分别代表 B 和 $P_\alpha(t)$ 的伴随算子. 显然 Γ_0^b 是一个有界线性算子.

对任意的 $a>0$, 以及 $\forall x_1\in X$, 我们设

$$u(t)=(b-t)^{\gamma-1}B^*P_\gamma^*(b-t)R(a,\Gamma_0^b)P(x(\cdot)), \tag{3.8}$$

其中

$$P(x(\cdot))=x_1-b^{\nu-1}S_{\beta,\gamma}(b)[x_0-h(x)]-\int_0^b(b-s)^{\gamma-1}P_\gamma(b-s)f(s)ds. \tag{3.9}$$

利用控制函数 u, 定义算子在 $\Psi : C_{1-\nu}(J,X) \to \mathcal{P}(C_{1-\nu}(J,X))$ 如下:

$$\begin{aligned}\Psi(x) &= \Big\{ z \in C_{1-\nu}(J,X) : z(t) = t^{\nu-1} S_{\beta,\gamma}(t)[x_0 - h(x)] \\ &\quad + \int_0^t (t-s)^{\gamma-1} P_\gamma(t-s) f(s) \mathrm{d}s \\ &\quad + \int_0^t (t-s)^{\gamma-1} P_\gamma(t-s) Bu(s) \mathrm{d}s,\ f \in S_{F,x},\ t \in J^{'} \Big\}.\end{aligned}$$

现在根据假设 (H_3), 我们可以推出

$$\begin{aligned}&\int_0^t (t-s)^{\gamma-1} P_\gamma(t-s) f(s) \mathrm{d}s \le \frac{M\Omega(s^{1-\nu}\|x(s))\|)}{\Gamma(\gamma)} \frac{b^{(1+c)(1-p)}}{(1+c)^{1-p}} \|Q\|_{L^{\frac{1}{p}}} \\ &\le \frac{M\Omega(s^{1-\nu}\|x(s)\|)\Theta}{\Gamma(\gamma)} \|Q\|_{L^{\frac{1}{p}}} \le \frac{M\Omega(\|x\|_\nu)\Theta}{\Gamma(\gamma)} \|Q\|_{L^{\frac{1}{p}}}.\end{aligned}$$

所以有

$$\|P(x(b))\| \le \|x_1\| + b^{\nu-1} \frac{M\Gamma(\gamma)}{\Gamma(\beta(1-\gamma)+\gamma)} [\|x_0\| + L\|x\|_\nu + \|h(0)\|] + \frac{M\Omega(\|x\|_\nu)\Theta}{\Gamma(\gamma)} \|Q\|_{L^{\frac{1}{p}}}.$$

从上面的估计, 我们得到

$$\begin{aligned}&\int_0^t (t-s)^{\gamma-1} \|u(s)\| \mathrm{d}s \\ &= \int_0^t (t-s)^{\gamma-1} (b-s)^{\gamma-1} \|B^* P_\gamma^*(b-s) R(a, \Gamma_0^b) P(x(b))\| \mathrm{d}s \\ &\le \frac{MM_B b^{2\gamma-1}}{a\Gamma(\gamma)\Gamma(2\gamma-1)} \times \Big[\|x_1\| + b^{\nu-1}\Gamma(\gamma) \frac{M[\|x_0\| + L\|x\|_\nu + \|h(0)\|]}{\Gamma(\beta(1-\gamma)+\gamma)} \\ &\quad + \frac{M\Omega(\|x\|_\nu)\Theta}{\Gamma(\gamma)} \|Q\|_{L^{\frac{1}{p}}} \Big].\end{aligned} \tag{3.10}$$

我们注意到算子 Ψ 的不动点正是带有非局部条件的 Hilfer 分数阶微分包含 (3.2) 的适度解.

现在, 我们将利用不动点原理建立系统 (3.2) 的适度解存在性定理.

定理 3.1　假设 (H_1) − (H_5) 成立, 则系统 (3.2) 有至少一个适度解.

证明:　我们将证明分为 4 步.

第 1 步. 对每一个 $x \in C_{1-\nu}(J,X)$, $\Psi(x)$ 是凸的.

令 $\eta_1, \eta_2 \in \Psi(x)$, 那么存在 $f_1, f_2 \in S_{F,x}$ 使得

$$\eta_i(t) = S_{\beta,\gamma}(t)[x_0 - h(x)] + \int_0^t (t-s)^{\gamma-1} P_\gamma(t-s) f_i(s) \mathrm{d}s$$

$$+\int_0^t (t-s)^{\gamma-1}(b-s)^{\gamma-1}P_\gamma(t-s)BB^*P_\gamma^*(b-s)$$
$$\times R(a,\Gamma_0^b)\bigg[x_1 - S_{\beta,\gamma}(b)[x_0-h(x)]$$
$$-\int_0^b (b-\tau)^{\gamma-1}P_\gamma(b-\tau)f_i(\tau)\mathrm{d}\tau\bigg]\mathrm{d}s,\ \ i=1,2.$$

令$0\le\lambda\le 1$,那么对每一个$t\in J'$有,

$$\begin{aligned}
&\lambda\eta_1(t)+(1-\lambda)\eta_2(t)\\
&= S_{\beta,\gamma}(t)[x_0-h(x)]+\int_0^t (t-s)^{\gamma-1}P_\gamma(t-s)[\lambda f_1(s)+(1-\lambda)f_2(s)]\mathrm{d}s\\
&+\int_0^t (t-s)^{\gamma-1}(b-s)^{\gamma-1}P_\gamma(t-s)BB^*P_\gamma^*(b-s)R(a,\Gamma_0^b)\bigg[x_1\\
&-S_{\beta,\gamma}(b)[x_0-h(x)]-\int_0^b (b-\tau)^{\gamma-1}T_\gamma(b-\tau)[\lambda f_1(\tau)+(1-\lambda)f_2(\tau)]\mathrm{d}\tau\bigg]\mathrm{d}s.
\end{aligned}$$

由于$S_{F,x}$是凸的,$\lambda f_1+(1-\lambda)f_2\in S_{F,x}$,因此$\lambda\eta_1+(1-\lambda)\eta_2\in\Psi(x)$.

第2步. 对每一个$x\in C_{1-\nu}(J,X)$, $\Psi(x)$是闭的.

令$\{z_n\}_{n\ge 0}\in\Psi(x)\in C_{1-\nu}(J,X)$, 那么当$n\to+\infty$, $z_n\to z\in C_{1-\nu}(J,X)$,从而存在$f_n\in S_{F,x}$使得对每一个$t\in J'$,

$$\begin{aligned}
z_n(t)= \ & S_{\beta,\gamma}(t)[x_0-h(x)]+\int_0^t (t-s)^{\gamma-1}P_\gamma(t-s)f_n(s)\mathrm{d}s\\
&+\int_0^t (t-s)^{\gamma-1}(b-s)^{\gamma-1}P_\gamma(t-s)BB^*P_\gamma^*(b-s)R(a,\Gamma_0^b)\\
&\times\bigg[x_1-S_{\beta,\gamma}(b)[x_0-h(x)]-\int_0^b (b-\tau)^{\gamma-1}P_\gamma(b-\tau)f_n(\tau)\mathrm{d}\tau\bigg]\mathrm{d}s.
\end{aligned}$$

由文献[102],我们可以得知$S_{F,x}$在$L^1(J,X)$中是弱紧的,这意味着f_n弱收敛到某个$f\in S_{F,x}$. 从而当$n\to+\infty$时,

$$\begin{aligned}
z_n(t)\to z(t) = \ & S_{\beta,\gamma}(t)[x_0-h(x)]+\int_0^t (t-s)^{\gamma-1}P_\gamma(t-s)f(s)\mathrm{d}s\\
&+\int_0^t (t-s)^{\gamma-1}(b-s)^{\gamma-1}P_\gamma(t-s)BB^*P_\gamma^*(b-s)\\
&\times R(a,\Gamma_0^b)\bigg[x_1-S_{\beta,\gamma}(b)[x_0-h(x)]\\
&-\int_0^b (b-\tau)^{\gamma-1}P_\gamma(b-\tau)f(\tau)\mathrm{d}\tau\bigg]\mathrm{d}s.
\end{aligned}$$

因此, $z \in \Psi(x)$.

第 3 步. Ψ 是一个全连续的多值算子.

我们将证明分为 3 个断言.

断言 1. 我们将证明存在一个正常数 $r = r(a)$ 使得 $\Psi(\bar{B}_r) \subset \bar{B}_r$, 其中 $\bar{B}_r = \{x \in C_{1-\nu}(J,X),\ \|x\|_\nu \leq r\}$.

事实上, 如果此断言不成立, 则对每一个正常数 r 存在 $x^{(r)} \in \bar{B}_r$, $u^{(r)} \in L^2(J,X)$ 对应于 $\bar{B}_r$ 使得 $\Psi(x^{(r)}) \notin \bar{B}_r$, 即

$$
\begin{aligned}
r &< \|\Psi(x^{(r)})\|_\nu \\
&\leq \sup_{t\in J'} t^{1-\nu}\left\|S_{\beta,\gamma}(t)\left\{x_0 - [h(x)-h(0)] - h(0)\right\}\right\| \\
&\quad + \sup_{t\in J'} t^{1-\nu}\|\int_0^t (t-s)^{\gamma-1}P_\gamma(t-s)f(s,x^{(r)}(s))\mathrm{d}s\| \\
&\quad + \sup_{t\in J'} t^{1-\nu}\|\int_0^t (t-s)^{\gamma-1}P_\gamma(t-s)Bu^{(r)}(s)\mathrm{d}s\| \\
&\leq \frac{M\Gamma(\gamma)}{\Gamma(\beta(1-\gamma)+\gamma)}\left[\|x_0\| + L\|x-0\|_\nu + \|h(0)\|\right] + \frac{b^{1-\nu}M\Omega(r)\Theta\|Q\|_{L^{\frac{1}{p}}}}{\Gamma(\gamma)} \\
&\quad + b^{1-\nu}\frac{M^2M_B^2b^{2\gamma-1}}{a\Gamma^2(\gamma)\Gamma(2\gamma-1)} \\
&\quad \times\left[\|x_1\| + b^{\nu-1}\Gamma(\gamma)\frac{M[\|x_0\| + Lr + \|h(0)\|]}{\Gamma(\beta(1-\gamma)+\gamma)} + \frac{M\Omega(r)\Theta}{\Gamma(\gamma)}\|Q\|_{L^{\frac{1}{p}}}\right] \\
&\leq \frac{M\Gamma(\gamma)}{\Gamma(\beta(1-\gamma)+\gamma)}\left[\|x_0\| + Lr + \|h(0)\|\right] + \frac{b^{1-\nu}M\Omega(r)\Theta\|Q\|_{L^{\frac{1}{p}}}}{\Gamma(\gamma)} \\
&\quad + b^{1-\nu}\frac{M^2M_B^2b^{2\gamma-1}}{a\Gamma^2(\gamma)\Gamma(2\gamma-1)} \\
&\quad \times\left[\|x_1\| + b^{\nu-1}\Gamma(\gamma)\frac{M[\|x_0\| + Lr + \|h(0)\|]}{\Gamma(\beta(1-\gamma)+\gamma)} + \frac{M\Omega(r)\Theta}{\Gamma(\gamma)}\|Q\|_{L^{\frac{1}{p}}}\right].
\end{aligned}
$$

上面的不等式两边同除以 r 且令 $r \to +\infty$, 可得

$$
(1 + \frac{M^2M_B^2b^{2\gamma-1}}{a\Gamma^2(\gamma)\Gamma(2\gamma-1)})(\frac{M\Gamma(\gamma)}{\Gamma(\beta(1-\gamma)+\gamma)}L + \frac{b^{1-\nu}M\Theta\|Q\|_{\frac{1}{p}}}{\Gamma(\gamma)}\Lambda) > 1,
$$

这与假设 (H_5) 矛盾. 证毕. □

断言 2. Ψ 在 $\bar{B}_r$ 上是等度连续的.

记 $E = \{y \in C(J,X) : y(t) = t^{1-\nu}\Psi(x)(t), y(0) = y(0^+),\ x \in \bar{B}_r\}$, 对于 $t_1 =$

$0,\ 0 < t_2 \le b$, 当 $t_2 \to 0$ 时, 易证 $\|y(t_2) - y(0)\| \to 0$, 对于 $0 < t_1 < t_2 \le b$, 存在充分小的 $\varepsilon > 0$ 使得

$$
\begin{aligned}
&\|y(t_2) - y(t_1)\| \\
\le\ & \|t_2^{1-\nu} S_{\beta,\gamma}(t_2)[x_0 - h(x)] - t_1^{1-\nu} S_{\beta,\gamma}(t_1)[x_0 - h(x)]\| \\
&+ t_2^{1-\nu}\|\int_{t_1}^{t_2} (t_2 - s)^{\gamma-1} P_\gamma(t_2 - s)[f(s) + Bu(s)]\mathrm{d}s\| \\
&+ \|\int_0^{t_1} [t_2^{1-\nu}(t_2 - s)^{\gamma-1} - t_1^{1-\nu}(t_1 - s)^{\gamma-1}] P_\gamma(t_2 - s)[f(s) + Bu(s)]\mathrm{d}s\| \\
&+ t_1^{1-\nu}\|\int_0^{t_1} (t_1 - s)^{\gamma-1}[P_\gamma(t_2 - s) - P_\gamma(t_1 - s)][f(s) + Bu(s)]\mathrm{d}s\| \\
\le\ & \frac{1}{\Gamma(\beta(1-\gamma))}\|\int_0^{t_2} t_2^{1-\nu}(t_2 - s)^{\beta(1-\gamma)-1} s^{\gamma-1} P_\gamma(s)[x_0 - h(x)]\mathrm{d}s \\
&- \int_0^{t_1} t_1^{1-\nu}(t_1 - s)^{\beta(1-\gamma)-1} s^{\gamma-1} P_\gamma(s)[x_0 - h(x)]\mathrm{d}s\| \\
&+ t_2^{1-\nu}\|\int_{t_1}^{t_2} (t_2 - s)^{\gamma-1} P_\gamma(t_2 - s) f(s)\mathrm{d}s\| \\
&+ \|\int_0^{t_1} [t_2^{1-\nu}(t_2 - s)^{\gamma-1} - t_1^{1-\nu}(t_1 - s)^{\gamma-1}] P_\gamma(t_2 - s) f(s)\mathrm{d}s\| \\
&+ t_1^{1-\nu}\|\int_0^{t_1-\varepsilon} (t_1 - s)^{\gamma-1}[P_\gamma(t_2 - s) - P_\gamma(t_1 - s)] f(s)\mathrm{d}s\| \\
&+ t_1^{1-\nu}\|\int_{t_1-\varepsilon}^{t_1} (t_1 - s)^{\gamma-1}[P_\gamma(t_2 - s) - P_\gamma(t_1 - s)] f(s)\mathrm{d}s\| \\
&+ t_2^{1-\nu}\|\int_{t_1}^{t_2} (t_2 - s)^{\gamma-1} P_\gamma(t_2 - s) Bu(s)\mathrm{d}s\| \\
&+ \|\int_0^{t_1} [t_2^{1-\nu}(t_2 - s)^{\gamma-1} - t_1^{1-\nu}(t_1 - s)^{\gamma-1}] P_\gamma(t_2 - s) Bu(s)\mathrm{d}s\| \\
&+ t_1^{1-\nu}\|\int_0^{t_1-\varepsilon} (t_1 - s)^{\gamma-1}[P_\gamma(t_2 - s) - P_\gamma(t_1 - s)] Bu(s)\mathrm{d}s\| \\
&+ t_1^{1-\nu}\|\int_{t_1-\varepsilon}^{t_1} (t_1 - s)^{\gamma-1}[P_\gamma(t_2 - s) - P_\gamma(t_1 - s)] Bu(s)\mathrm{d}s \\
\le\ & \sum_{i=1}^{11} I_i,
\end{aligned}
$$

其中

$$
I_1 = \frac{M}{\Gamma(\beta(1-\gamma))\Gamma(\gamma)}\|\int_{t_1}^{t_2} t_2^{1-\nu}(t_2 - s)^{\beta(1-\gamma)-1} s^{\gamma-1}[x_0 - h(x)]\mathrm{d}s\|,
$$

$$
\begin{aligned}
I_2 &= t_2^{1-\nu}\frac{M}{\Gamma(\gamma)}\|\int_0^{t_1}[(t_2-s)^{\gamma-1}-(t_1-s)^{\gamma-1}]s^{\gamma-1}[x_0-h(x)]\mathrm{d}s\|,\\
I_3 &= (t_2^{1-\nu}-t_1^{1-\nu})\frac{M}{\Gamma(\gamma)}\|\int_0^{t_1}(t_1-s)^{\gamma-1}s^{\gamma-1}[x_0-h(x)]\mathrm{d}s\|,\\
I_4 &= \frac{Mb^{1-\nu}}{\Gamma(\gamma)}\frac{(t_2-t_1)^{(1+c)(1-p)}}{(1+c)^{1-p}}\|Q\|_{L_{\frac{1}{p}}}\Omega(r),\\
I_5 &= \|\int_0^{t_1}[t_2^{1-\nu}(t_2-s)^{\gamma-1}-t_1^{1-\nu}(t_1-s)^{\gamma-1}]P_\gamma(t_2-s)f(s)\mathrm{d}s\|,\\
I_6 &= t_1^{1-\nu}\frac{(t_1^{1+c}-\varepsilon^{1+c})^{1-p}}{(1+c)^{1-p}}\|Q\|_{L_{\frac{1}{p}}}\Omega(r)\sup_{[0,t_1-\varepsilon]}\|P_\gamma(t_2-s)-P_\gamma(t_1-s)\|,\\
I_7 &= t_1^{1-\nu}\frac{\varepsilon^{(1+c)(1-p)}}{(1+c)^{1-p}}\frac{2M}{\Gamma(\gamma)}\|Q\|_{L_{\frac{1}{p}}}\Omega(r),\\
I_8 &= b^{1-\nu}\frac{M}{\Gamma(\gamma)}M_B\|\int_{t_1}^{t_2}(t_2-s)^{\gamma-1}u(s)\mathrm{d}s\|,\\
I_9 &= \frac{M}{\Gamma(\gamma)}M_B\|\int_0^{t_1}[t_2^{1-\nu}(t_2-s)^{\gamma-1}-t_1^{1-\nu}(t_1-s)^{\gamma-1}]u(s)\mathrm{d}s\|,\\
I_{10} &= b^{1-\nu}\frac{M}{\Gamma(\gamma)}M_B\int_0^{t_1-\varepsilon}(t_1-s)^{\gamma-1}u(s)\mathrm{d}s\|\sup_{[0,t_1-\varepsilon]}\|P_\gamma(t_2-s)-P_\gamma(t_1-s)\|,\\
I_{11} &= b^{1-\nu}\frac{2M}{\Gamma(\gamma)}M_B\|\int_{t_1-\varepsilon}^{t_1}(t_1-s)^{\gamma-1}u(s)\mathrm{d}s\|.
\end{aligned}
$$

根据 Lebesgue 积分的全连续性, 可得当 $t_2-t_1\to 0^+$ 时, $I_1, I_8\to 0$. 由于 $[(t_2-s)^{\gamma-1}-(t_1-s)^{\gamma-1}]s^{\gamma-1}\le 2(t_1-s)^{\gamma-1}s^{\gamma-1}$, 且 $\int_0^{t_1}2(t_1-s)^{\gamma-1}s^{\gamma-1}[x_0-h(x)]\mathrm{d}s$ 存在, 那么根据 Lebesgue 控制收敛定理, 可以推出当 $t_2-t_1\to 0^+$ 时, $I_2\to 0$. 用同样的方式, 可以证明当 $t_2-t_1\to 0$ 时, $I_5, I_9\to 0$. 对于 I_3, 由 $(t_2^{1-\nu}-t_1^{1-\nu})\le (t_2-t_1)^{1-\nu}$ 以及当 $t_2-t_1\to 0$ 时, $(t_2-t_1)^{1-\nu}\to 0$, 可以得到当 $t_2-t_1\to 0^+$ 时, $I_3\to 0$. 因为 $p\in(0,\gamma)$, $0\le\beta\le 1$, $0<\gamma<1$ 而且 $c=\dfrac{\gamma-1}{1-p}$, 容易计算出 $(1+c)(1-p)>0$, 从而可以推出当 $t_2-t_1\to 0$, $\varepsilon\to 0^+$ 时, $I_4, I_7\to 0$, 根据 $P_\gamma(t)$ 在一致算子拓扑意义上对 t 是连续的, 可以得到 $I_6, I_{10}\to 0$. 对于 I_{11}, 由于 ε 充分小, 且 $(b-s)^{\gamma-1}<(t_1-s)^{\gamma-1}$, 从而当 $\varepsilon\to 0$ 时,

$$
\begin{aligned}
I_{11} &= b^{1-\nu}\frac{M}{\Gamma(\gamma)}M_B\|\int_{t_1-\varepsilon}^{t_1}(t_1-s)^{\gamma-1}u(s)\mathrm{d}s\|\\
&\le b^{1-\nu}\frac{M^2}{\Gamma^2(\gamma)}M_B^2\|\int_{t_1-\varepsilon}^{t_1}(t_1-s)^{2(\gamma-1)}\mathrm{d}s\|P(x(b))\|
\end{aligned}
$$

$$\leq \quad b^{1-\nu}\frac{M^2}{\Gamma^2(\gamma)}M_B^2\frac{\varepsilon^{2\gamma-1}}{2\gamma-1}\|P(x(b))\| \to 0,$$

因此, 上面不等式的右端趋于零且不依赖于 $x \in \bar{B}_r$, 根据 E 和 $\Psi(\bar{B}_r)$ 的关系, 容易推出 Ψ 在 $\bar{B}_r$ 上是等度连续的.

断言 3. 下面证明集合 $V(t)=\{\omega(t),\omega\in\Psi(x),x\in\bar{B}_r\}$ 在 X 上是相对紧的.

令 $0<t\leq b$ 固定, 由于

$$\begin{aligned}
& S_{\beta,\gamma}(t)[\xi(0)-h(x)] \\
= \ & I_{0+}^{\beta(1-\gamma)}T_\gamma(t)[x_0-h(x)] \\
= \ & \frac{1}{\Gamma(\beta(1-\gamma))}\int_0^t (t-s)^{\beta(1-\gamma)-1}T_\gamma(s)[x_0-h(x)]\mathrm{d}s \\
= \ & \frac{1}{\Gamma(\beta(1-\gamma))}\int_0^t (t-s)^{\beta(1-\gamma)-1}s^{\gamma-1}P_\gamma(s)[x_0-h(x)]\mathrm{d}s \\
= \ & \frac{\gamma}{\Gamma(\beta(1-\gamma))}\int_0^t (t-s)^{\beta(1-\gamma)-1}s^{\gamma-1}\int_0^\infty \theta M_\gamma(\theta)S(s^\gamma\theta)[x_0-h(x)]\mathrm{d}\theta\mathrm{d}s,
\end{aligned}$$

那么对 $\forall\ \lambda\in(0,t)$, $\forall\ \delta>0$ 以及 $\omega\in\Psi(\bar{B}_r)$, 在 $\bar{B}_r$ 上定义算子 $\Psi^{\lambda,\delta}$. $\Psi^{\lambda,\delta}(x)$ 为 $\omega^{\lambda,\delta}$ 构成的集合, 使得

$$\begin{aligned}
\omega^{\lambda,\delta}(t) \ = \ & \frac{\gamma}{\Gamma(\beta(1-\gamma))}\int_0^{t-\lambda}\int_\delta^\infty \theta M_\gamma(\theta)(t-s)^{\beta(1-\gamma)-1}s^{\gamma-1}S(s^\gamma\theta)[x_0-h(x)]\mathrm{d}\theta\mathrm{d}s \\
& +\gamma S(\lambda^\gamma\theta)\int_0^{t-\lambda}\int_\delta^\infty \theta M_\gamma(\theta)(t-s)^{\gamma-1}S((t-s)^\gamma\theta-\lambda^\gamma\theta)[f(s)+Bu(s)]\mathrm{d}\theta\mathrm{d}s.
\end{aligned}$$

根据 $S(\lambda^\gamma\theta)$, $\lambda^\gamma\theta>0$ 的紧性, 易知对 $\forall\ \lambda\in(0,t)$ 和 $\forall\ \delta>0$, 集合 $V^{\varepsilon,\delta}(t)=\{\omega^{\lambda,\delta}(t),\omega^{\lambda,\delta}\in\Psi^{\lambda,\delta}(x),x\in\bar{B}_r\}$ 在 X 中是相对紧的.

另外, 对每一个 $x\in\bar{B}_r$, 通过 Hölder 不等式可知

$$\begin{aligned}
& \|\omega-\omega^{\lambda,\delta}\|_\nu \\
& =\sup_{t\in J'} t^{1-\nu}\|\frac{\gamma}{\Gamma(\beta(1-\gamma))}\int_0^t (t-s)^{\beta(1-\gamma)-1}s^{\gamma-1}S(s^\gamma\theta)\int_0^\delta \theta M_\gamma(\theta)[x_0-h(x)]\mathrm{d}\theta\mathrm{d}s \\
& +\frac{\gamma}{\Gamma(\beta(1-\gamma))}\int_0^t (t-s)^{\beta(1-\gamma)-1}s^{\gamma-1}S(s^\gamma\theta)\int_\delta^\infty \theta M_\gamma(\theta)[x_0-h(x)]\mathrm{d}\theta\mathrm{d}s \\
& -\frac{\gamma}{\Gamma(\beta(1-\gamma))}\int_0^{t-\lambda} (t-s)^{\beta(1-\gamma)-1}s^{\gamma-1}S(s^\gamma\theta)\int_\delta^\infty \theta M_\gamma(\theta)[x_0-h(x)]\mathrm{d}\theta\mathrm{d}s \\
& +\gamma\int_0^t\int_0^\delta \theta(t-s)^{\gamma-1}M_\gamma(\theta)S((t-s)^\gamma\theta)[f(s)+Bu(s)]\mathrm{d}\theta\mathrm{d}s
\end{aligned}$$

$$
\begin{aligned}
&+\gamma\int_0^t\int_\delta^\infty \theta M_\gamma(\theta)(t-s)^{\gamma-1}S((t-s)^\gamma\theta)[f(s)+Bu(s)]\mathrm{d}\theta\mathrm{d}s\\
&-\gamma\int_0^{t-\lambda}\int_\delta^\infty \theta M_\gamma(\theta)(t-s)^{\gamma-1}S((t-s)^\gamma\theta)[f(s)+Bu(s)]\mathrm{d}\theta\mathrm{d}s\|\\
\le&\sup_{t\in J'}t^{1-\nu}\frac{M\gamma}{\Gamma(\beta(1-\gamma))}\|\int_0^t(t-s)^{\beta(1-\gamma)-1}s^{\gamma-1}\int_0^\delta\theta M_\gamma(\theta)[x_0-h(x)]\mathrm{d}\theta\mathrm{d}s\|\\
&+\sup_{t\in J'}t^{1-\nu}\frac{M\gamma}{\Gamma(\beta(1-\gamma))}\|\int_{t-\lambda}^t(t-s)^{\beta(1-\gamma)-1}s^{\gamma-1}\int_\delta^\infty\theta M_\gamma(\theta)[x_0-h(x)]\mathrm{d}\theta\mathrm{d}s\|\\
&+\gamma\sup_{t\in J'}t^{1-\nu}\|\int_0^t\int_0^\delta\theta(t-s)^{\gamma-1}M_\gamma(\theta)S((t-s)^\gamma\theta)[f(s)+Bu(s)]\mathrm{d}\theta\mathrm{d}s\|\\
&+\gamma\sup_{t\in J'}t^{1-\nu}\|\int_{t-\lambda}^t\int_\delta^\infty\theta(t-s)^{\gamma-1}M_\gamma(\theta)S((t-s)^\gamma\theta)[f(s)+Bu(s)]\mathrm{d}\theta\mathrm{d}s\|\\
\le&\frac{M\gamma}{\Gamma(\beta(1-\gamma))}[\|x_0\|+Lr+\|h(0)\|]B(\beta(1-\gamma),\gamma)\int_0^\delta\theta M_\gamma(\theta)\mathrm{d}\theta\\
&+\frac{M\gamma}{\Gamma(\beta(1-\gamma))}\frac{1}{\Gamma(1+\gamma)}[\|x_0\|+Lr+\|h(0)\|]\int_{t-\lambda}^t(t-s)^{\beta(1-\gamma)-1}s^{\gamma-1}\mathrm{d}s\\
&+\gamma\sup_{t\in J'}t^{1-\nu}\|\int_0^t\int_0^\delta\theta(t-s)^{\gamma-1}M_\gamma(\theta)S((t-s)^\gamma\theta)Q(t)\Omega(\|x\|_\nu)\mathrm{d}\theta\mathrm{d}s\|\\
&+\gamma\sup_{t\in J'}t^{1-\nu}\|\int_{t-\lambda}^t\int_\delta^\infty\theta(t-s)^{\gamma-1}M_\gamma(\theta)S((t-s)^\gamma\theta)Q(t)\Omega(\|x\|_\nu)\mathrm{d}\theta\mathrm{d}s\|\\
&+\gamma\sup_{t\in J'}t^{1-\nu}\|\int_0^t\int_0^\delta\theta(t-s)^{\gamma-1}M_\gamma(\theta)S((t-s)^\gamma\theta)Bu(s)\mathrm{d}\theta\mathrm{d}s\|\\
&+\gamma\sup_{t\in J'}t^{1-\nu}\|\int_{t-\lambda}^t\int_\delta^\infty\theta(t-s)^{\gamma-1}M_\gamma(\theta)S((t-s)^\gamma\theta)Bu(s)\mathrm{d}\theta\mathrm{d}s\|\\
\le&\frac{M\gamma}{\Gamma(\beta(1-\gamma))}[\|x_0\|+Lr+\|h(0)\|]B(\beta(1-\gamma),\gamma)\int_0^\delta\theta M_\gamma(\theta)\mathrm{d}\theta\\
&+\frac{M\gamma}{\Gamma(\beta(1-\gamma))}\frac{1}{\Gamma(1+\gamma)}[\|x_0\|+Lr+\|h(0)\|]\int_{t-\lambda}^t(t-s)^{\beta(1-\gamma)-1}s^{\gamma-1}\mathrm{d}s\\
&+\gamma b^{1-\nu}M\Omega(r)\|Q\|_{L^{\frac{1}{p}}}\frac{b^{(1+c)(1-p)}}{(1+c)^{1-p}}\int_0^\delta\theta M_\gamma(\theta)\mathrm{d}\theta\\
&+\gamma b^{1-\nu}M\Omega(r)\|Q\|_{L^{\frac{1}{p}}}\frac{1}{\Gamma(1+\gamma)}\frac{\lambda^{(1+c)(1-p)}}{(1+c)^{1-p}}\\
&+\gamma b^{1-\nu}MM_B\int_0^t(t-s)^{\gamma-1}u(s)\mathrm{d}s\int_0^\delta\theta M_\gamma(\theta)\mathrm{d}\theta
\end{aligned}
$$

$$+\gamma b^{1-\nu}MM_B\frac{1}{\Gamma(1+\gamma)}\int_{t-\lambda}^{t}(t-s)^{\gamma-1}u(s)\mathrm{d}s=\sum_{i=1}^{6}K_i.$$

其中

$$\begin{aligned}
K_1 &= \frac{M\gamma}{\Gamma(\beta(1-\gamma))}[\|x_0\|+Lr+\|h(0)\|]B(\beta(1-\gamma),\gamma)\int_0^{\delta}\theta M_\gamma(\theta)\mathrm{d}\theta,\\
K_2 &= \frac{M\gamma}{\Gamma(\beta(1-\gamma))}\frac{1}{\Gamma(1+\gamma)}[\|x_0\|+Lr+\|h(0)\|]\int_{t-\lambda}^{t}(t-s)^{\beta(1-\gamma)-1}s^{\gamma-1}\mathrm{d}s,\\
K_3 &= \gamma b^{1-\nu}M\Omega(r)\|Q\|_{L^{\frac{1}{p}}}\frac{b^{(1+c)(1-p)}}{(1+c)^{1-p}}\int_0^{\delta}\theta M_\gamma(\theta)\mathrm{d}\theta,\\
K_4 &= \gamma b^{1-\nu}M\Omega(r)\|Q\|_{L^{\frac{1}{p}}}\frac{1}{\Gamma(1+\gamma)}\frac{\lambda^{(1+c)(1-p)}}{(1+c)^{1-p}},\\
K_5 &= \gamma b^{1-\nu}MM_B\int_0^{t}(t-s)^{\gamma-1}u(s)\mathrm{d}s\int_0^{\delta}\theta M_\gamma(\theta)\mathrm{d}\theta,\\
K_6 &= \gamma b^{1-\nu}MM_B\frac{1}{\Gamma(1+\gamma)}\int_{t-\lambda}^{t}(t-s)^{\gamma-1}u(s)\mathrm{d}s.
\end{aligned}$$

根据Lebesgue积分的全连续性, 我们得知当$\lambda,\delta\to 0^+$时, $K_2,K_6\to 0$. 另外, 我们可以推出当$\lambda,\delta\to 0^+$ 时, $K_i,i=1,3,4,5\to 0$. 这里我们用了等式$\int_0^{\infty}\theta M_\gamma(\theta)\mathrm{d}\theta=\frac{1}{\Gamma(\gamma+1)}$. 因此存在相对紧的集合可以任意接近$V(t)=\{\omega(t),\omega\in\Psi(x),x\in\bar{B}_r\}$, 从而$V(t),t>0$在$X$ 中是相对紧的. 根据Arzola-Ascoli定理, 这意味着$V(t)=\{\omega(t),\omega\in\Psi(x),x\in\bar{B}_r\}$ 在X 中是相对紧的.

根据断言$1-3$,我们得到Ψ是一个全连续的多值映射.

第4步. Ψ有一个闭图像.

令$x^{(n)}\to x^*(n\to+\infty)$, $\rho^{(n)}\in\Psi(x^{(n)})$, $\rho^{(n)}\to\rho^*$ $(n\to+\infty)$. 我们下面证明$\rho^*\in\Psi(x^*)$. 因为$\rho^{(n)}\in\Psi(x^{(n)})$,则存在$f^{(n)}\in S_{F,x^{(n)}}$ 使得对每一个$t\in J'$,

$$\begin{aligned}
\rho^{(n)}(t) &= S_{\beta,\gamma}(t)[x_0-h(x)]+\int_0^{t}(t-s)^{\gamma-1}P_\gamma(t-s)f^{(n)}(s)\mathrm{d}s\\
&\quad+\int_0^{t}(t-s)^{\gamma-1}(b-s)^{\gamma-1}\times P_\gamma(t-s)BB^*P_\gamma^*(b-s)R(a,\Gamma_0^b)\\
&\quad\times\left[x_1-S_{\beta,\gamma}(b)[x_0-h(x)]-\int_0^{b}(b-\tau)^{\gamma-1}P_\gamma(b-\tau)f^{(n)}(\tau)\mathrm{d}\tau\right]\mathrm{d}s.
\end{aligned}$$

我们只需要证明存在某个 $f^* \in S_{F,x^*}$ 使得对每一个 $t \in J'$,

$$\begin{aligned}\rho^*(t) &= S_{\beta,\gamma}(t)[x_0 - h(x)] + \int_0^t (t-s)^{\gamma-1} P_\gamma(t-s) f^*(s)\mathrm{d}s \\ &\quad + \int_0^t (t-s)^{\gamma-1}(b-s)^{\gamma-1} P_\gamma(t-s) BB^* P_\gamma^*(b-s) R(a, \Gamma_0^b) \\ &\quad \times \left[x_1 - S_{\beta,\gamma}(b)[x_0 - h(x)] - \int_0^b (b-\tau)^{\gamma-1} P_\gamma(b-\tau) f^*(\tau)\mathrm{d}\tau\right]\mathrm{d}s.\end{aligned}$$

考虑连续线性算子

$$\Gamma : L^{\frac{1}{p}}(J, X) \to C_{1-\nu}(J, X),$$

其中

$$\begin{aligned}(\Gamma f)(t) &= \int_0^t (t-s)^{\gamma-1} P_\gamma(t-s) \times \left[f(s) - B(b-s)^{\gamma-1} B^* P_\gamma^*(b-s) R(0, \Gamma_0^b)\right. \\ &\quad \left.\times \int_0^b (b-\tau)^{\gamma-1} P_\gamma(b-\tau) f(\tau)\mathrm{d}\tau\right]\mathrm{d}s.\end{aligned}$$

显然, 根据引理 1.5 知 $\Gamma \circ S_F$ 是一个闭图像算子.

由于 $\rho^{(n)} \to \rho^*$, $(n \to +\infty)$, 可以得到当 $n \to +\infty$ 时,

$$\begin{aligned}&\Bigg\| \rho^{(n)}(t) - S_{\beta,\gamma}(t)[x_0 - h(x)] \\ &- \int_0^t (t-s)^{\gamma-1}(b-s)^{\gamma-1} P_\gamma(t-s) BB^* P_\gamma^*(b-s) R(a, \Gamma_0^b) \\ &\times \Big[x_1 - S_{\beta,\gamma}(b)[x_0 - h(x)]\Big]\mathrm{d}s - \Big(\rho^*(t) - S_{\beta,\gamma}(t)[x_0 - h(x)] \\ &- \int_0^t (t-s)^{\gamma-1}(b-s)^{\gamma-1} P_\gamma(t-s) BB^* P_\gamma^*(b-s) R(a, \Gamma_0^b) \\ &\times \Big[x_1 - S_{\beta,\gamma}(t)[x_0 - h(x)]\Big]\mathrm{d}s\Big)\Bigg\| \to 0.\end{aligned}$$

另外, 我们有

$$\begin{aligned}&\rho^{(n)}(t) - S_{\beta,\gamma}(t)[x_0 - h(x)] \\ &- \int_0^t (t-s)^{\gamma-1} P_\gamma(t-s) B(b-s)^{\gamma-1} B^* P_\gamma^*(b-s) R(a, \Gamma_0^b) \\ &\times \Big[x_1 - S_{\beta,\gamma}(t)[x_0 - h(x)]\Big]\mathrm{d}s \\ &\in \Gamma(S_{F,x^{(n)}}).\end{aligned}$$

由于 $x^{(n)} \to x^*$, 从而根据引理 1.5 知, 对某个 $f^* \in S_{F,x}$,

$$\begin{aligned}\rho^*(t) & -S_{\beta,\gamma}(t)[x_0-h(x)] \\ & -\int_0^t (t-s)^{\gamma-1}P_\gamma(t-s)B(b-s)^{\gamma-1}B^*P_\gamma^*(b-s)R(a,\Gamma_0^b) \\ & \times\Big[x_1-S_{\beta,\gamma}(b)[x_0-h(x)]\Big]\mathrm{d}s \\ = & \int_0^t (t-s)^{\gamma-1}P_\gamma(t-s)\Big[f^*(s)-\int_0^t (t-s)^{\gamma-1}P_\gamma(t-s)BB^*P_\gamma^*(b-s)R(a,\Gamma_0^b) \\ & \times\int_0^b (b-\tau)^{\gamma-1}P_\gamma(b-\tau)f^*(\tau)\mathrm{d}\tau\Big]\mathrm{d}s\end{aligned}$$

此式子表明 $\rho^* \in \Psi(x^*)$. 因此 Ψ 有一个闭图像. 步骤 1 － 4 证毕. □

根据步骤 1 － 4 和 Arzela-Ascoli 定理, Ψ 是一个有紧值的全连续的多值映射. 再根据命题 1.1 (4), Ψ 是上半连续的. 从而根据引理 1.6, 我们推出算子 Ψ 在 $\bar{B}_r$ 中有一个不动点 $x(\cdot)$, 此不动点正是系统 (3.2) 的适度解. 证毕. □

3.4 逼近可控性

下面我们将给出系统 (3.2) 的逼近可控性定理.

定理 3.2 假设 (H_1)) (H_5) 成立而且多值函数 $F(s,x(s))$ 是一致有界的. 另外, 假设相对应的线性系统 (3.5) 在 J 上是逼近可控的, 则系统 (3.2) 在 J 上逼近可控.

证明: 根据上面的假设, 可知算子 Ψ 在 $\bar{B}_r$ 中有一个不动点. 令 x^a 是 Ψ 在 $\bar{B}_r$ 中的不动点, 这也就意味着存在着某个 $f^a \in S_{F,x}$ 使得

$$\begin{aligned}x^a(t) = & S_{\beta,\gamma}(t)[x_0-h(x^a)]+\int_0^t (t-s)^{\gamma-1}P_\gamma(t-s)f^a(s)\mathrm{d}s \\ & +\int_0^b (t-s)^{\gamma-1}(t-s)^{\gamma-1}P_\gamma(b-s)BB^*(t-s)^{\gamma-1}P_\gamma^*(b-s)R(a,\Gamma_0^b) \\ & \times\Big[x_1-S_{\beta,\gamma}(b)[x_0-h(x^a)]-\int_0^b (b-r)^{\gamma-1}P_\gamma(b-r)f^a(r)\mathrm{d}r\Big]\mathrm{d}s,\ \ t\in J'.\end{aligned}$$

定义

$$P(x^a)=x_1-S_{\beta,\gamma}(b)[x_0-h(x^a)]-\int_0^b (b-r)^{\gamma-1}P_\gamma(b-r)f^a(r)\mathrm{d}r.$$

注意到 $I-\Gamma_0^bR(a,\Gamma_0^b)=aR(a,\Gamma_0^b)$, 我们得到

$$\begin{aligned}
x^a(b) &= S_{\beta,\gamma}(b)[x_0-h(x^a)]+\int_0^b(b-s)^{\gamma-1}P_\gamma(b-s)f^a(s)\mathrm{d}s\\
&\quad+\int_0^b(b-s)^{2(\gamma-1)}P_\gamma(b-s)BB^*P_\gamma^*(b-s)R(a,\Gamma_0^b)\\
&\quad\times\left[x_1-S_{\beta,\gamma}(b)[x_0-h(x^a)]-\int_0^b(b-r)^{\gamma-1}P_\gamma(b-r)f^a(r)\mathrm{d}r\right]\mathrm{d}s\\
&= S_{\beta,\gamma}(b)[x_0-h(x^a)]+\int_0^b(b-s)^{\gamma-1}P_\gamma(b-s)f^a(s)\mathrm{d}s+\Gamma_0^bR(a,\Gamma_0^b)P(x^a)\\
&= S_{\beta,\gamma}(b)[x_0-h(x^a)]\\
&\quad+\int_0^b(b-s)^{\gamma-1}P_\gamma(b-s)f^a(s)\mathrm{d}s+P(x^a)-aR(a,\Gamma_0^b)P(x^a)\\
&= x_1-aR(a,\Gamma_0^b)P(x^a).
\end{aligned}$$

此外, 根据假设存在常数 $\bar{L}<+\infty$ 使得 $\|f^a(s)\|\le\bar{L}$. 从而得到序列 $\{f^a(s)\}$ 有一个子序列(仍记为 $\{f^a(s)\}$), 弱收敛到, 比如, $\{f(s)\}$.

记

$$w=x_1-S_{\beta,\gamma}(b)[x_0-h(x)]-\int_0^b(b-s)^{\gamma-1}P_\gamma(b-s)f(s)\mathrm{d}s.$$

我们推出

$$\begin{aligned}
\|P(x^a)-w\| &= \|h(x^a)-h(x)\|+\|\int_0^b(b-s)^{\gamma-1}P_\gamma(b-s)[f^a(s)-f(s)]\mathrm{d}s\|\\
&\le L\|x^a-x\|_\nu+\|\int_0^b(b-s)^{\alpha-1}P_\gamma(b-s)[f^a(s)-f(s)]\mathrm{d}s\|.
\end{aligned}$$

根据算子 $\{P_\gamma(t),t>0\}$ 的紧性以及 $\{f^a(s)\}$ 的一致有界性, 存在某个 $f(s)\in L^1(J,X)$ 使得当 $a\to0^+$ 时,

$$P_\gamma(b-s)f^a(s)ds\to P_\gamma(b-s)f(s).$$

另外, 根据系统 (3.5) 的逼近可控性和注 3.1, 我们知道当 $a\to0^+$ 时, $a(aI+\Gamma_0^b)^{-1}$ 在一致算子拓扑意义上趋于零. 从而我们知道当 $a\to0^+$ 时,

$$\begin{aligned}
\|x^a(b)-x_1\| &= \|aR(a,\Gamma_0^b)P(x^a)\|\\
&\le \|aR(a,\Gamma_0^b)(w)\|+\|aR(a,\Gamma_0^b)(P(x^a)-w))\|
\end{aligned}$$

$$\leq \quad \|aR(a,\Gamma_0^b)w\| + \|(P(x^a) - w))\| \to 0.$$

因此系统 (3.2) 在 J 上是逼近可控的. 证毕. □

3.5 实例

在本节我们给出一个实例来验证我们所得到的结果的可行性. 考虑如下分数微分包含系统

$$\begin{cases} D^{\beta,\frac{4}{7}}w(t,y) \in w_{yy}(t,y) + \bar{F}(t,w(t,y)) + \mu(t,y), \quad t \in (0,b], \quad y \in [0,\pi], \\ w(t,0) = w(t,\pi) = 0, \quad t \in J = [0,b], \\ I^{\frac{3}{7}(1-\beta)}(w(0,y)) + \sum_{i=0}^{m} \int_0^{\pi} k(y,z)w(t_i,z)\mathrm{d}z = w_0(y), \quad y \in [0,\pi], \end{cases} \tag{3.11}$$

其中 $D^{\beta,\frac{4}{7}}$ 代表 $\frac{4}{7}$ 阶 β 类的 Hilfer 分数阶导数, $I^{\frac{3}{7}(1-\beta)}$ 是阶数为 $\frac{3}{7}(1-\beta)$ 的 Riemann -Liouville 分数阶积分, $\bar{F}(t,w(t,y))$ 和 $\mu(t,y)$ 是给定的函数, $k(y,z) \in L^2([0,\pi]\times[0,\pi],\mathbb{R}^+)$, m 是一个正整数且 $0 < t_0 < t_1 < \ldots < t_m \leq b$, $w_0(y) \in X = L^2([0,\pi],\mathbb{R})$.

为了把上面的系统(3.11)写成系统(3.2)的抽象形式, 选择空间 $U = X = L^2([0,\pi],\mathbb{R})$. 定义一个算子 A 为 $Av = v''$, 定义域为 $D(A) = \{v \in H : v, v'$ 是全连续的, $v'' \in H, v(0) = v(\pi) = 0\}$. 那么 A 生成一个紧的解析自伴随的强连续半群 $\{S(t)_{t\geq 0}\}$. 另外, A 有一个离散谱, 特征值是 $-n^2, n \in N$, 且有对应的特征向量. 那么 $Az = \sum_{n=1}^{\infty} n^2\langle z, e_n\rangle e_n$. 另外, 我们知道 $v \in X$, $S(t)v = \sum_{n=1}^{\infty} \mathrm{e}^{-n^2 t}\langle v, e_n\rangle e_n$; 特别地, $S(\cdot)$ 是一个一致稳定半群且 $\|S(t)\| \leq \mathrm{e}^{-t}$.

令 $x(t)(y) = w(t,y)$, $t \in J = [0,b]$, $y \in [0,\pi]$. 现在对任意的 $x \in X = L^2([0,\pi],\mathbb{R})$, $y \in [0,\pi]$, 我们定义函数 $F : J \times X \to X$ 以及有界线性算子 $B : U \to X$ 为 $Bu(t)(y) = \mu(t,y)$, $0 < y < \pi$, $F(t,x(t))(y) = \bar{F}(t,w(t,y)) = \dfrac{\mathrm{e}^{-t}}{1+\mathrm{e}^{-t}}\sin(w(t,y))$, 其中 $\mu : J \times [0,\pi] \to [0,\pi]$ 对 t 是连续的. 算子 $h : X \to X$ 由

$$h(x)(y) = \sum_{i=0}^{m} \int_0^{\pi} k(y,z)x(t_i)(z)\mathrm{d}z = \sum_{i=0}^{m} \int_0^{\pi} k(y,z)w(t_i,z)\mathrm{d}z$$

给定.

因此, 系统 (3.11) 可以写成系统 (3.2) 的抽象形式. 显然, $\bar{F}(t, w(t, y))$ 是一致有界的. 另外, 假设系统 (3.11) 对应的线性包含系统是逼近可控的且定理 3.1 的条件成立. 从而定理 3.2 的所有条件都成立. 因此, 根据定理 3.1, 分数阶微分包含 (3.11) 在 $[0, b]$ 上是逼近可控的.

第4章　带有状态依赖时滞的 Caputo 分数阶中立型随机微分包含的逼近可控性

4.1　研究背景及研究意义

本章主要研究一类带有状态依赖时滞的 Caputo 分数阶中立型随机微分包含的逼近可控性.

我们知道确定性分数阶微分包含系统经常受到外部扰动, 比如噪音, 因此我们应该更多地研究随机分数阶微分包含系统. 带有无限时滞的确定性分数阶微分包含的逼近可控性和带有无限时滞的随机分数阶微分包含的逼近可控性都已经被广泛研究. 带有状态依赖时滞的分数阶微分系统经常被作为模型系统, 我们可以参考文献 [23-26,58,63]. Yan 和 Jia [64] 用 α 预解算子研究了一类带有状态依赖时滞的分数阶中立型随机微分包含系统的逼近可控性, 但是还没有工作用概率密度函数研究这类问题. 基于此, 本章用概率密度函数研究一类带有状态依赖时滞的分数阶中立型随机微分包含系统的逼近可控性, 其形式如下

$$\begin{cases} {}^cD^{\alpha}[x(t)-G(t,x_t)] \in Ax(t)+h(t,x_{\rho(t,x_t)})+F(t,x_{\rho(t,x_t)})\frac{\mathrm{d}\omega(t)}{\mathrm{d}t} \\ \qquad\qquad\qquad\qquad +Bu(t), \quad t\in J=[0,b], \\ x_0=\phi\in\mathcal{B}, \end{cases} \tag{4.1}$$

其中 ${}^cD^{\alpha}$ 是 α, $(0<\alpha<1)$ 阶的 Caputo 分数阶导数, 随机过程 $x(t)$ 在一个实可分的 Hilbert H 中取值.

令 A 为一个从 $D(A)$ 到 Hilbert 空间 H 的一个闭线性算子. $D(A)$ 在 H 中稠密, A 生成解析半群 $\{S(t)\}_{t\geq 0}$. 且存在常数 $M>0$ 使得 $\sup_{t\in J}\|S(t)\|\leq M$. 不失一般性, 假设 $0\in\rho(A)$, 则我们可以定义一个闭线性分数幂算子 A^{β}, $0<\beta\leq 1$. 控制函数 u 取值于 $L^2_{\mathcal{F}}(J,U)$, $L^2_{\mathcal{F}}(J,U)$ 是一个容许控制函数构成的空间. U 是一个 Banach 空间, $B: U\to H$ 是一个有界线性算子. 令 K 为另一个实可分 Hilbert 空间. 其中的内积和范数分别用 $\langle\cdot,\cdot\rangle_K$ 和 $\|\cdot\|_K$ 表示. $\{\omega(t)\}_{t\geq 0}$ 是一个给定的 K-值的有核协方差算子 $Q,(Q>0)$ 的布朗运动过程. 且核协方差算子 Q 定义在一个滤子完备概率空

间 $(\Omega,\mathcal{F},P)$ 上. $x_t:(-\infty,0]\to H$, 且 $x_t(\theta)=x(t+\theta),-\infty<\theta\leq 0$, 它属于一个抽象的相空间 $\mathcal{B}$; $\mathcal{P}(H)$ 是 H 中的所有的非空子集构成的集合; G, $h:J\times\mathcal{B}\to H$ 是满足某些条件的给定函数, $\rho:J\times\mathcal{B}\to(-\infty,b]$ 是一个恰当的函数, 后面会细化. $F:J\times\mathcal{B}\to\mathcal{P}(L(K,H))$ 是一个有界闭凸多值映射, 其中 $L(K,H)$ 代表所有从 K 到 H 的有界线性算子.

4.2 预备知识

令 $(\Omega,\mathcal{F},P)$ 是一个完备概率空间. $\mathcal{F}_0$ 包含所有的 P-空集. 一个 H-值的随机变量是一个 $\mathcal{F}$-可测函数 $x(t):\Omega\to H$, 且所有随机变量的集合 $S=\{x(t,\omega):\Omega\to H|t\in J\}$ 称为随机过程. 通常情况下, 我们不考虑 ω 对 Ω 的依赖性 $(\omega\in\Omega)$ 并且用 $x(t)$ 来取代 $x(t,\omega)$, 而且用 $x(t):J\to H$ 来取代 S. $\beta_n(t)(n=1,2,\cdots)$ 是一个在 $(\Omega,\mathcal{F},P)$ 中的实值独立的一维标准布朗运动. 记 $\omega(t)=\sum\limits_{n=1}^{\infty}\sqrt{\lambda_n}\beta_n e_n, t\geq 0$, 其中 $\{e_n\}$ $(n=1,2,\cdots)$ 是一个 K 中的正交基, 且 $\lambda_n\geq 0$ $(n=1,2,\cdots)$ 为非负实数.

令 $Q\in L(K,H)$ 是一个由 $Qe_k=\lambda_k e_k$ 定义的算子且 $\mathrm{Tr}\,Q=\sum\limits_{n=1}^{\infty}\lambda_n<+\infty$ (Tr 代表 Q 的迹). K-值随机过程 $\omega(t),t\geq 0$ 称为一个 Q-维纳过程. 假设 $\mathcal{F}_t=\sigma(\omega(s):0\leq s\leq t)$ 是由 w 生成的 σ- 代数, $\mathcal{F}_b=\mathcal{F}$. 令 $\phi\in L(K,H)$ 并且定义 $\|\varphi\|_H^2=Tr(\varphi Q\varphi^*)=\sum\limits_{k=1}^{\infty}\|\sqrt{\lambda_k}\varphi e_k\|^2$. 如果 $\|\varphi\|_Q^2<+\infty$, 则 φ 称为一个 Q - Hilbert - 施密特算子. 令 $L_Q(K,H)$ 代表由所有的 Q - Hilbert - 施密特算子 $\varphi:K\to H$ 生成的空间. $L_Q(K,H)$ 是 $L(K,H)$ 中关于由范数 $\|\cdot\|_Q$ 诱导出的拓扑而完备的空间, 其中 $\|\varphi\|_Q=\langle\varphi,\varphi\rangle^{\frac{1}{2}}$ 是一个关于上述范数拓扑的 Hilbert 空间. $L_2(\Omega,H)$ 代表由所有 H-值的随机变量 x 生成的空间, 且使得 $\|x\|_{L_2}=(E\|x\|^2)^{\frac{1}{2}}$, 其中期望 E 是由 $E(x)=\int_{\Omega}x(\omega)\mathrm{d}P$ 定义的. 容易验证 $L_2(\Omega,H)$ 是一个 Hilbert 空间, 其范数用 $\|\cdot\|_{L_2}$ 表示. 令 $C(J,L_2(\Omega,H))$ 代表所有从 J 到 $L_2(\Omega,H)$ 的连续映射生成的 Banach 空间, 且满足 $\sup_{t\in J}E\|x(t)\|^2<+\infty$. 另外, 我们记 $\mathcal{C}=\{x\in C(J,L_2(\Omega,H))\mid x$ 是 $\mathcal{F}_t$–适应的$\}$, 它也是一个 Banach 空间, 其中范数定义为 $\|x\|_{\mathcal{C}}=\sup_{t\in J}(E\|x(t)\|^2)^{\frac{1}{2}}<+\infty$. 最后, $L_2^0(\Omega,H)=\{x\in L_2(\Omega,H):x$ 是 $\mathcal{F}_0$– 可测的$\}$ 代表 $L_2(\Omega,H)$ 中一个重要的子空间.

在本节中, 相空间 $(\mathcal{B},\|\cdot\|_{\mathcal{B}})$ 代表一个从 $(-\infty,0]$ 到 H 的 $\mathcal{F}_0$-可测函数生成的半范

数线性空间, 并且使得如下公理成立 (参见文献 [113,114]):

(1) 如果 $x:(-\infty,b+\eta]\to H$, $b\geq 0$, 使得 $x\mid_{[\eta,\eta+b]}\in\mathcal{C}$, 那么对每一个 $t\in[\eta,\eta+b]$, 如下条件成立:

(a) $x_t\in\mathcal{B}$;

(b) $\|x(t)\|\leq\tilde{H}\|x_t\|_{\mathcal{B}}$;

(c) $\|x_t\|_{\mathcal{B}}\leq R(t-\eta)\sup\{\|x(s):\eta\leq s\leq t\|\}+M(t-\eta)\|x_\eta\|_{\mathcal{B}}$;

其中 $\tilde{H}$ 是一个常数, $R,M:[0,+\infty)\to[1,+\infty)$, R 是连续的, M 是局部有界的, $\tilde{H},R,M$, 不依赖于 $x(\cdot)$.

(2) 对于在 (1) 中的函数 $x(\cdot)$, 从 $[\eta,\eta+b]$ 到 $\mathcal{B}$ 的函数 $t\to x_t$ 是连续的.

(3) 空间 $\mathcal{B}$ 是完备的.

引理 4.1 [38]　令 $x:(-\infty,b]\to H$ 是一个使得 $x_0=\phi$ 的函数, 且 $M_b:=\sup\{M(t):0\leq t\leq b\}$. 那么

$$\|x_s\|_{\mathcal{B}}\leq(M_b+J_0^{\phi})\|\phi\|_{\mathcal{B}}+K_b\sup\{\|x(\theta)\|;\theta\in[0,\max\{0,s\}]\},\quad s\in\mathcal{R}(\rho^-)\cup J,$$

其中 $J_0^{\phi}=\sup\{J^{\phi}(t):t\in\mathcal{R}(\rho^-)\}$.

注 4.1　令 $\phi\in\mathcal{B}$ 且 $t\leq 0$. 令 ϕ_t 代表由 $\phi_t=\phi(t+\theta)$ 定义的函数. 最终如果在公理 (1) 中的函数 $x(\cdot)$ 使得 $x_0=\phi$, 则 $x_t=\phi_t$. 因为 ϕ 的定义域是 $(-\infty,0]$, 我们注意到 ϕ_t 对于 $t<0$ 是定义明确的.

4.3　适度解的存在性

在这一节中, 我们将给出系统 (4.1) 的适度解存在性定理及证明. 我们首先给出系统 (4.1) 的适度解存在性定理.

定义 4.1　一个随机过程 $x(t),t\in J$ 称为系统 (4.1) 的适度解, 如果对每一个控制函数 $u\in L_{\mathcal{F}}^2(J,U)$, 它满足如下条件:

(1) $x_0=\phi,x_{\rho(s,x_s)}\in\mathcal{B}$ 满足 $x_0\in L_2^0(\Omega,H),x|_J\in\mathcal{C}$;

(2) $x(t)$, $t\geq 0$ 是 $\mathcal{F}_t$ - 适应且可测的;

(3) $x(t)$ 在 $[0,b]$ 上是几乎处处连续的 , 并且对每个 $s\in[0,t)$, 函数 $(t-s)^{\alpha-1}AT_\alpha(t-s)G(s,x_s)$ 是可积的;

(4) 存在 $f(s)\in S_{F,x_\rho}=\{f\in L^2(J,L_Q(K,H)):f(t)\in F(t,x_\rho)$ 对于 a.e. $t\in J\}$ 使得 x 满足如下随机积分方程:

$$\begin{aligned}x(t)\ &=S_\alpha(t)[\phi(0)-G(0,\phi)]+G(t,x_t)+\int_0^t(t-s)^{\alpha-1}AT_\alpha(t-s)G(s,x_s)\mathrm{d}s\\&\quad+\int_0^t(t-s)^{\alpha-1}T_\alpha(t-s)h(s,x_{\rho(s,x_s)})\mathrm{d}s+\int_0^t(t-s)^{\alpha-1}T_\alpha(t-s)f(s)\mathrm{d}\omega(s)\\&\quad+\int_0^t(t-s)^{\alpha-1}T_\alpha(t-s)Bu(s)\mathrm{d}s,\end{aligned}$$

其中 $S_\alpha(t)$, $T_\alpha(t)$ 由引理 1.2 中定义.

令 $\mathcal{H}(b)$ 代表所有 $x:(-\infty,b]\to H$ 构成的空间使得 $x_0=\phi$ 并且 $x|_J\in\mathcal{C}$ 的范数为上确界范数. 令 $B_r(0,\mathcal{H}(b))=\{x\in\mathcal{H}(b),\ \sup\limits_{0\le s\le b}E\|x(s)\|_H^2\le r\}$. 我们观察到对每一个 $x\in B_r(0,\mathcal{H}(b))$ 以及对每一个 $t\in J$,

$$\|x_{\rho(t,x_t)}\|_{\mathcal{B}}^2\le 2[(M_b+J_0^\phi)^2\|\phi\|_{\mathcal{B}}^2+K_b^2r]:=r^*.$$

为了证明本章的结果, 我们总是假设 $\rho:J\times\mathcal{B}\to(-\infty,b]$ 是连续的且 $\phi\in\mathcal{B}$.

为了简便起见, 我们令

$$\begin{aligned}&12\|A^{-\beta}\|^2c_1K_b^2+12c_1K_b^2K(\alpha,\beta)\frac{b^{2\alpha\beta}}{(\alpha\beta)^2}+84c_1K_b^2M_B^4\\&\times(\frac{M}{\Gamma(\alpha)})^4\frac{1}{a^2}\frac{b^{2\alpha}}{\alpha^2}[\|A^{-\beta}\|^2+K(\alpha,\beta)\frac{b^{2\alpha\beta}}{(\alpha\beta)^2}]=N_1,\end{aligned}$$

且

$$12K_b^2(\frac{M}{\Gamma(\alpha)})^2\frac{b^{2\alpha}}{\alpha^2}[1+7M_B^4\frac{1}{a^2}(\frac{M}{\Gamma(\alpha)})^4\frac{b^{2\alpha}}{\alpha^2}]=N_2,$$

其中 $K(\alpha,\beta):=\dfrac{\alpha^2C_{1-\beta}^2\Gamma^2(1+\beta)}{\Gamma^2(1+\alpha\beta)}$ 且 $M_B=\|B\|$.

在证明我们的结果之前, 我们需要作如下假设:

(H_0) 假设半群 $S(t)$ 是紧的, 并且对每一个 $a>0$, $\|a(R(a,\Gamma_s^b))\|\le 1$ 对于 $0\le s<b$;

(H_1) 令 $\mathcal{R}(\rho^-)=\{\rho(s,\psi)\le 0:(s,\psi)\in J\times\mathcal{B}\}$. 函数 $t\to\phi_t$ 是从 $\mathcal{R}(\rho^-)$ 到 $\mathcal{B}$ 有着明确的定义的, 且存在一个有界连续函数 $J^\phi:\mathcal{R}(\rho^-)\to(0,+\infty)$ 使得对于每一个 $t\in\mathcal{R}(\rho^-)$, $E\|\phi_t\|_{\mathcal{B}}^2\le J^\phi(t)E\|\phi\|_{\mathcal{B}}^2$;

(H_2) 函数 $G:J\times\mathcal{B}\to H$ 满足:

(2a) $G:J\times\mathcal{B}\to H$ 对每一个 $t\in J$ 是连续的且存在一个常数 $\beta\in(0,1)$ 使得 $G\in D(A^\beta)$. 另外 $\psi\in\mathcal{B}$, $t\in J$, 函数 $A^\beta G(\cdot,\psi)$ 是强可测的;

(2b) 存在正常数 M_G, c_1, c_2 使得对任意的 ψ_1, $\psi_2 \in \mathcal{B}$, $A^\beta G(t,\psi_1)$ 满足

$$E\|A^\beta G(t,\psi_1) - A^\beta G(t,\psi_2)\|_H^2 \le M_G\|\psi_1 - \psi_2\|_{\mathcal{B}}^2,\ \ t \in J,$$

且

$$E\|A^\beta G(t,\psi_1)\|_H^2 \le (c_1\|\psi_1\|_{\mathcal{B}}^2 + c_2),\quad \forall\, \psi \in \mathcal{B},\ t \in J;$$

(H$_3$) 函数 $h: J \times \mathcal{B} \to H$ 满足:

(3a) $h(t,\cdot): \mathcal{B} \to H$ 对每一个 $t \in J$ 是连续的, 且对每一个 $\psi \in \mathcal{B}, h(\cdot,\psi): J \to H$ 是强可测的;

(3b) 存在 $\mu(t) \in L^1(J,\mathbb{R}^+)$ 和一个连续非降函数 $\Omega_1: [0,+\infty) \to (0,+\infty)$, 使得对任意的 $(t,\psi) \in J \times \mathcal{B}$,

$$E\|h(t,\psi)\|_H^2 \le \mu(t) \times \Omega_1(\|\psi\|_{\mathcal{B}}^2),\quad \lim_{r\to+\infty}\inf\frac{\Omega_1(r)}{r}\mathrm{d}s = \Lambda < +\infty;$$

(H$_4$) 多值映射 $F: J \times \mathcal{B} \to \mathcal{P}_{bd,cl,cv}(L(K,H))$ 满足:

(4a) $F(t,\cdot): \mathcal{B} \to \mathcal{P}_{bd,cl,cv}(L(K,H))$ 对每一个 $t \in J$ 是上半连续的, 且对每一个 $\psi \in \mathcal{B}$, 函数 $F(\cdot,\psi): J \to \mathcal{P}_{bd,cl,cv}(L(K,H))$ 是强可测的, 集合 $S_{F,\psi} = \Big\{f \in L^2(J, L_Q(K,H)): f(t) \in F(t,\psi)$ 对 a.e. $t \in J\Big\}$ 是非空的;

(4b) 存在 $\varphi(t) \in L^1(J,\mathbb{R}^+)$ 和一个连续非降函数 $\Omega_2: [0,+\infty) \to (0,+\infty)$ 使得对任意的 $(t,\psi) \in J \times \mathcal{B}$, 对 a.e. $t \in J\}$有

$$E\|F(t,\psi)\|_H^2 \le \varphi(t) \times \Omega_2(\|\psi\|_{\mathcal{B}}^2),\quad \lim_{r\to+\infty}\inf\frac{\Omega_2(r)}{r}ds = \Upsilon < +\infty,$$

其中 $E\|F(t,\psi)\|_H^2 = \sup\limits_{t\in J}\{E\|f\|_H^2:\ f \in F(t,\psi)\}$.

为了证明结果, 引入两个相关算子:

$$\Gamma_\tau^b = \int_\tau^b (b-s)^{\alpha-1}T_\alpha(b-s)BB^*T_\alpha^*(b-s)\mathrm{d}s,\ \ 0 < \tau \le b,$$

和

$$R(a,\Gamma_\tau^b) = (aI + \Gamma_\tau^b)^{-1},\ \ \forall\, a > 0,$$

其中 B^* 和 T_α^* 分别代表 B 和 T_α 的伴随算子. 显然算子 Γ_τ^b 是一个有界线性算子.

现在对于任意的 $a > 0$ 和 $\tilde{x}_b \in L^2(\mathcal{F}_b, H)$, 定义控制函数

$$u_x^a(s) \ = \ B^*T_\alpha^*(b-s)\Big\{(aI + \Gamma_0^b)^{-1}\Big[E\tilde{x}_b + \int_0^b \tilde{\varphi}(\tau)\mathrm{d}\omega(\tau)$$

$$
\begin{aligned}
&-S_\alpha(b)[\phi(0)) - G(0,\phi)] - G(b,x_b)\Big]\Big\} \\
&-B^*T_\alpha^*(b-s)\int_0^t (aI+\Gamma_\tau^b)^{-1}(b-\tau)^{\alpha-1}AT_\alpha(b-\tau)G(\tau,x_\tau)\mathrm{d}\tau \\
&-B^*T_\alpha^*(b-s)\int_0^t (aI+\Gamma_\tau^b)^{-1}(b-\tau)^{\alpha-1}T_\alpha(b-\tau)h(\tau,x_{\rho(\tau,x_\tau)})\mathrm{d}\tau \\
&-B^*T_\alpha^*(b-s)\int_0^t (aI+\Gamma_\tau^b)^{-1}(b-\tau)^{\alpha-1}T_\alpha(b-\tau)f(\tau)\mathrm{d}\omega(\tau),
\end{aligned}
$$

其中 $f\in S_{F,x_\rho}=\{f\in L^2(L(K,H)): f(t)\in F(t,x_{\rho(t,x_t)}), \text{a.e. } t\in J\}$.

为了证明系统 (4.1) 的适度解的存在性定理, 我们把它转化成一个不动点问题.

定义多值映射 $\Psi:\mathcal{H}(b)\to\mathcal{P}(\mathcal{H}(b))$. $\Psi(x)=\{\eta\in\mathcal{H}(b)\}$. 其中

$$
\eta(t):=\begin{cases}
0, \quad t\in(-\infty,0], \\
S_\alpha(t)[\phi(0)-G(0,\phi)]+G(t,x_t)+\displaystyle\int_0^t (t-s)^{\alpha-1}T_\alpha(t-s)h(s,x_{\rho(s,x_s)})\mathrm{d}s \\
+\displaystyle\int_0^t (t-s)^{\alpha-1}T_\alpha(t-s)f(s)\mathrm{d}\omega(s)+\int_0^t (t-s)^{\alpha-1}AT_\alpha(t-s)G(s,x_s)\mathrm{d}s \\
+\displaystyle\int_0^t (t-s)^{\alpha-1}T_\alpha(t-s)Bu_x^a(s)\mathrm{d}s, \quad t\in J,
\end{cases} \tag{4.2}
$$

其中 $f\in S_{F,x_\rho}=\{f\in L^2(L(K,H)): f(t)\in F(t,x_{\rho(t,x_t)}) \text{ a.e. } t\in J\}$.

现在我们定义算子 $\Psi_1:\mathcal{H}(b)\to\mathcal{H}(b)$, 如果 $x\in\mathcal{H}(b)$

$$
\Psi_1(x)(t)=\begin{cases}
0, \quad t\in(-\infty,0], \\
G(t,x_t)+\displaystyle\int_0^t (t-s)^{\alpha-1}AT_\alpha(t-s)G(s,x_s)\mathrm{d}s, \quad t\in J,
\end{cases} \tag{4.3}
$$

用 $\Psi_2(x)$ 来定义多值算子 $\Psi_2:\mathcal{H}(b)\to\mathcal{P}(\mathcal{H}(b))$, 它是 $\bar\eta$, $(\bar\eta\in\mathcal{H}(b))$ 的集合

$$
\bar\eta(t)=\begin{cases}
0, \quad t\in(-\infty,0], \\
S_\alpha(t)[\phi(0)-G(0,\phi)]+\displaystyle\int_0^t (t-s)^{\alpha-1}T_\alpha(t-s)h(s,x_{\rho(s,x_s)})\mathrm{d}s \\
+\displaystyle\int_0^t (t-s)^{\alpha-1}T_\alpha(t-s)f(s)\mathrm{d}\omega(s) \\
+\displaystyle\int_0^t (t-s)^{\alpha-1}T_\alpha(t-s)Bu_x^a(s)\mathrm{d}s, \quad t\in J.
\end{cases} \tag{4.4}
$$

显然, $\Psi=\Psi_1+\Psi_2$. 接下来, 我们旨在证明算子 Ψ 有一个不动点, 这个不动点恰好是系统 (4.1) 的适度解.

定理 4.1 假设 (H_0) − (H_4) 成立, 则系统 (4.1) 有至少一个不动点只要满足

(i) $N_1 + N_2(\sup\limits_{s\in J}\mu(s)\Lambda + \sup\limits_{s\in J}\varphi(s)\Upsilon) < 1$,

(ii) $4\|A^{-\beta}\|^2 M_G K_b^2 + 4M_G K_b^2 K(\alpha,\beta)\dfrac{b^{2\alpha\beta}}{(\alpha\beta)^2} < 1$.

证明: 我们将证明分为 5 步.

第 1 步. 我们将证明存在常数 $r = r(a)$ 使得 $\Psi(B_r(0,\mathcal{H}(b))) \subset B_r(0,\mathcal{H}(b))$.

事实上, 如果假设不成立, 则对每一个正常数 r, 存在 $\bar{x} \in B_r(0,\mathcal{H}(b))$, $\bar{u} \in L^2_{\mathcal{F}}(J,U)$ 相对应于 $\bar{x}$, 但对某一个 $t = t(r) \in J$, $\Psi(\bar{x}) \notin B_r(0,\mathcal{H}(b))$, 即

$$\begin{aligned}
r &< E\|(\Psi\bar{x})(t)\|_H^2 \le 6\sum_{i=1}^{6} I_i \\
&= 6E\|S_\alpha(t)[\phi(0) - G(0,\phi)]\|_H^2 + 6E\|G(t,\bar{x}_t)\|_H^2 \\
&\quad +6E\|\int_0^t (t-s)^{\alpha-1}AT_\alpha(t-s)G(s,\bar{x}_s)\mathrm{d}s\|_H^2 \\
&\quad +6E\|\int_0^t (t-s)^{\alpha-1}T_\alpha(t-s)h(s,\bar{x}_{\rho(s,\bar{x}_s)})\mathrm{d}s\|_H^2 \\
&\quad +6E\|\int_0^t (t-s)^{\alpha-1}T_\alpha(t-s)f(s)\mathrm{d}\omega(s)\|_H^2 \\
&\quad +6E\|\int_0^t (t-s)^{\alpha-1}T_\alpha(t-s)B\bar{u}_x^a(s)\mathrm{d}s\|_H^2.
\end{aligned}$$

根据假设 (H_2), 我们得到

$$I_1 \le 2M^2E\|\phi(0)\|_H^2 + 2M^2\|A^{-\beta}\|^2(2c_1[(M_b + J_0^\phi)^2\|\phi\|_{\mathcal{B}}^2 + K_b^2E\|\phi(0)\|_H^2] + c_2),$$

和

$$I_2 = E\|G(t,\bar{x}_t)\|_H^2 \le \|A^{-\beta}\|^2E\|A^\beta G(t,\bar{x}_t)\|_H^2 \le \|A^{-\beta}\|^2(c_1r^* + c_2).$$

通过引理 1.2, 假设 (H_2) 和 Hölder 不等式, 可以推出

$$\begin{aligned}
I_3 &= E\|\int_0^t (t-s)^{\alpha-1}AT_\alpha(t-s)G(s,\bar{x}_s)\mathrm{d}s\|_H^2 \\
&\le K(\alpha,\beta)\int_0^t (t-s)^{\alpha\beta-1}\mathrm{d}s\int_0^t (t-s)^{\alpha\beta-1}E\|A^\beta G(s,\bar{x}_s)\|_H^2\mathrm{d}s \\
&\le K(\alpha,\beta)\frac{b^{2\alpha\beta}}{(\alpha\beta)^2}(c_1r^* + c_2).
\end{aligned}$$

由假设 (H_3), 可以得到

$$I_4 = E\|\int_0^t (t-s)^{\alpha-1}T_\alpha(t-s)h(s,\bar{x}_{\rho(s,\bar{x}_s)})\mathrm{d}s\|_H^2$$

$$\leq \quad (\frac{M}{\Gamma(\alpha)})^2\frac{b^{2\alpha}}{\alpha^2}\sup_{s\in J}\mu(s)\Omega_1(r^*).$$

同样, 由假设 (H_4), 可以得到

$$I_5 \quad = \quad E\|\int_0^t(t-s)^{\alpha-1}T_\alpha(t-s)f(s)\mathrm{d}\omega(s)\|_H^2 \leq (\frac{M}{\Gamma(\alpha)})^2\frac{b^{2\alpha}}{\alpha^2}\sup_{s\in J}\varphi(s)\Omega_2(r^*).$$

然后根据上面的估计以及 (H_0), 对每一个 $s\in J$有,

$$\begin{aligned}
&E\|u_x^a(s)\|_H^2\\
&\leq 7M_B^2(\frac{M}{\Gamma(\alpha)})^2\frac{1}{a^2}\Big\{E\|\bar{x}_b\|_H^2+\int_0^b E\|\tilde{\varphi}(s)\|^2\mathrm{d}s+2M^2\|\phi(0)\|_H^2\\
&\quad+2M^2\|A^{-\beta}\|^2\{c_1[2(M_b+J_0^\phi)^2\|\phi\|_{\mathcal{B}}^2+2K_b^2\|\phi(0)\|_H^2]+c_2\}\\
&\quad+\|A^{-\beta}\|^2(c_1r^*+c_2)+K(\alpha,\beta)\frac{b^{2\alpha\beta}}{(\alpha\beta)^2}(c_1r^*+c_2)\\
&\quad+(\frac{M}{\Gamma(\alpha)})^2\frac{b^{2\alpha}}{\alpha^2}[\sup_{s\in J}\mu(s)\Omega_1(r^*)+\sup_{s\in J}\varphi(s)\Omega_2(r^*)]\Big\}\\
&:=M_u.
\end{aligned}\tag{4.5}$$

再根据估计式 (4.5), 可以推出

$$I_6 \quad = \quad E\|\int_0^t(t-s)^{\alpha-1}T_\alpha(t-s)B\bar{u}_x^a(s)\mathrm{d}s\|_H^2 \leq M_B^2(\frac{M}{\Gamma(\alpha)})^2\frac{b^{2\alpha}}{\alpha^2}M_u.$$

由上面的估计, 我们推出

$$\begin{aligned}
r \quad < \quad & E\|(\Psi\bar{x})(t)\|_H^2 \leq \sum_{i=1}^6 I_i\\
= \quad & 6\Big\{2M^2E\|\phi(0)\|_H^2+2M^2\|A^{-\beta}\|^2\{2c_1[(M_b+J_0^\phi)^2\|\phi\|_{\mathcal{B}}^2+K_b^2E\|\phi(0)\|_H^2]+c_2\}\Big\}\\
& +6\|A^{-\beta}\|^2(c_1r^*+c_2)+6K(\alpha,\beta)\frac{b^{2\alpha\beta}}{(\alpha\beta)^2}(c_1r^*+c_2)+6(\frac{M}{\Gamma(\alpha)})^2\frac{b^{2\alpha}}{\alpha^2}\sup_{s\in J}\mu(s)\\
& \times\Omega_1(r^*)+6(\frac{M}{\Gamma(\alpha)})^2\frac{b^{2\alpha}}{\alpha^2}\sup_{s\in J}\varphi(s)\Omega_2(r^*)+42M_B^4(\frac{M}{\Gamma(\alpha)})^4\frac{1}{a^2}\frac{b^{2\alpha}}{\alpha^2}\\
& \times\Big\{E\|\bar{x}_b\|_H^2+\int_0^b E\|\tilde{\varphi}(s)\|^2\mathrm{d}s+2M^2\|A^{-\beta}\|^2\|\phi(0)\|_H^2\\
& +2M^2\|A^{-\beta}\|^2\{2c_1[(M_b+J_0^\phi)^2\|\phi\|_{\mathcal{B}}^2+K_b^2E\|\phi(0)\|_H^2]+c_2\}\\
& +\|A^{-\beta}\|^2(c_1r^*+c_2)+K(\alpha,\beta)\frac{b^{2\alpha\beta}}{(\alpha\beta)^2}(c_1r^*+c_2)\Big\}
\end{aligned}$$

$$\begin{aligned}
&+42M_B^4(\frac{M}{\Gamma(\alpha)})^6\frac{1}{a^2}\frac{b^{4\alpha}}{\alpha^4}\left[\sup_{s\in J}\mu(s)\Omega_1(r^*)+\sup_{s\in J}\varphi(s)\Omega_2(r^*)\right]\\
= \quad & L_0+12\|A^{-\beta}\|^2c_1K_b^2r+12K(\alpha,\beta)\frac{b^{2\alpha\beta}}{(\alpha\beta)^2}c_1K_b^2r\\
&+6(\frac{M}{\Gamma(\alpha)})^2\frac{b^{2\alpha}}{\alpha^2}\left[\sup_{s\in J}\mu(s)\Omega_1(r^*)+\sup_{s\in J}\varphi(s)\Omega_2(r^*)\right]\\
&+42M_B^4(\frac{M}{\Gamma(\alpha)})^4\frac{1}{a^2}\frac{b^{2\alpha}}{\alpha^2}\left\{2c_1K_b^2r\left[\|A^{-\beta}\|^2+K(\alpha,\beta)\frac{b^{2\alpha\beta}}{(\alpha\beta)^2}\right]\right\}\\
&+42M_B^4(\frac{M}{\Gamma(\alpha)})^6\frac{1}{a^2}\frac{b^{4\alpha}}{\alpha^4}\left[\sup_{s\in J}\mu(s)\Omega_1(r^*)+\sup_{s\in J}\varphi(s)\Omega_2(r^*)\right],
\end{aligned}$$

其中

$$\begin{aligned}
L_0 \quad = \quad & 12M^2E\|\phi(0)\|_H^2\\
&+12M^2\|A^{-\beta}\|^2\left\{2c_1\left[(M_b+J_0^{\phi})^2\|\phi\|_{\mathcal{B}}^2+K_b^2E\|\phi(0)\|_H^2\right]+c_2\right\}\\
&+6\|A^{-\beta}\|^2\left[2c_1(M_b+J_0^{\phi})^2\|\phi\|_{\mathcal{B}}^2+c_2\right]\\
&+6K(\alpha,\beta)\frac{b^{2\alpha\beta}}{(\alpha\beta)^2}\left[2c_1(M_b+J_0^{\phi})^2\|\phi\|_{\mathcal{B}}^2+c_2\right]\\
&+42M_B^4(\frac{M}{\Gamma(\alpha)})^4\frac{1}{a^2}\frac{b^{2\alpha}}{\alpha^2}\left\{E\|\bar{x}_b\|_H^2+\int_0^bE\|\tilde{\varphi}(s)\|^2\mathrm{d}s+2M^2E\|\phi(0)\|_H^2\right.\\
&+2M^2\|A^{-\beta}\|^2\times\left[2c_1[(M_b+J_0^{\phi})^2\|\phi\|_{\mathcal{B}}^2+K_b^2E\|\phi(0)\|_H^2]+c_2\right]\\
&\left.+\|A^{-\beta}\|^2\left[2c_1(M_b+J_0^{\phi})^2\|\phi\|_{\mathcal{B}}^2+c_2\right]\right\}\\
&+42M_B^4(\frac{M}{\Gamma(\alpha)})^4\frac{1}{a^2}\frac{b^{2\alpha\beta}}{(\alpha\beta)^2}K(\alpha,\beta)\left[2c_1(M_b+J_0^{\phi})^2\|\phi\|_{\mathcal{B}}^2+c_2\right].
\end{aligned}$$

上面的不等式两边同除以 r 并且取 $r\to+\infty$, 我们得到 $N_1+N_2(\sup_{s\in J}\mu(s)\Lambda+\sup_{s\in J}\varphi(s)\Upsilon)>1$, 这与定理 4.1 中的假设 (i) 矛盾. 因此存在常数 r 使得 Ψ 映 $B(r,\mathcal{H}(b))$ 到自身.

第 2 步. 算子 $\Psi(x)$ 对每一个 $x\in B_r(0,\mathcal{H}(b))$ 是凸的.

事实上, 如果 η_1,η_2 属于 $\Psi(x)$, 那么存在 $f_1,f_2\in S_{F,x_\rho}$, 使得对每一个 $t\in J$,

$i=1,2,$有

$$
\begin{aligned}
\eta_i(t) &= S_\alpha(t)[\phi(0)-G(0,\phi)]+G(t,x_t)+\int_0^t(t-s)^{\alpha-1}AT_\alpha(t-s)G(s,x_s)\mathrm{d}s \\
&+\int_0^t(t-s)^{\alpha-1}T_\alpha(t-s)h(s,x_{\rho(s,x_s)})\mathrm{d}s+\int_0^t(t-s)^{\alpha-1}T_\alpha(t-s)f_i(s)\mathrm{d}\omega(s) \\
&+\int_0^t(t-s)^{\alpha-1}T_\alpha(t-s)B\bigg\{B^*T_\alpha^*(b-s)R(a,\Gamma_0^b) \\
&\times\bigg[E\bar{x}_b+\int_0^b\tilde{\varphi}(s)\mathrm{d}\omega(s)-G(b,x(b))-S_\alpha(b)[\phi(0)-G(0,\phi)]\bigg] \\
&-B^*T_\alpha^*(b-s)\int_0^b R(a,\Gamma_\tau^b)(b-\tau)^{\alpha-1}AT_\alpha(b-\tau)G(\tau,x_\tau)\mathrm{d}\tau \\
&-B^*T_\alpha^*(b-s)\int_0^b R(a,\Gamma_\tau^b)(b-\tau)^{\alpha-1}T_\alpha(b-\tau)h(\tau,x_{\rho(\tau,x_\tau)})\mathrm{d}\tau \\
&-B^*T_\alpha^*(b-s)\int_0^b R(a,\Gamma_\tau^b)(b-\tau)^{\alpha-1}T_\alpha(b-\tau)f_i(\tau)\mathrm{d}\omega(\tau)\bigg\}\mathrm{d}s.
\end{aligned}
$$

令$0\le\lambda\le1$, 则对每一个$t\in J$有

$$
\begin{aligned}
&\lambda\eta_1(t)+(1-\lambda)\eta_2(t) \\
&= S_\alpha(t)[\phi(0)-G(0,\phi)]+G(t,x_t)+\int_0^t(t-s)^{\alpha-1}AT_\alpha(t-s)G(s,x_s)\mathrm{d}s \\
&+\int_0^t(t-s)^{\alpha-1}T_\alpha(t-s)[\lambda f_1+(1-\lambda)f_2](s)\mathrm{d}\omega(s) \\
&+\int_0^t(t-s)^{\alpha-1}T_\alpha(t-s)h(s,x_{\rho(s,x_s)})\mathrm{d}s \\
&+\int_0^t(t-s)^{\alpha-1}T_\alpha(t-s)B\bigg\{B^*T_\alpha^*(b-s)R(a,\Gamma_0^b) \\
&\times\bigg[E\bar{x}_b+\int_0^b\tilde{\varphi}(s)\mathrm{d}\omega(s)-G(b,x(b))-S_\alpha(b)[\phi(0)-G(0,\phi)]\bigg] \\
&-B^*T_\alpha^*(b-s)\int_0^b R(a,\Gamma_\tau^b)(b-\tau)^{\alpha-1}AT_\alpha(b-\tau)G(\tau,x_\tau)\mathrm{d}\tau \\
&-B^*T_\alpha^*(b-s)\int_0^b R(a,\Gamma_\tau^b)(b-\tau)^{\alpha-1}T_\alpha(b-\tau)h(\tau,x_{\rho(\tau,x_\tau)})\mathrm{d}\tau \\
&-B^*T_\alpha^*(b-s)\int_0^b R(a,\Gamma_\tau^b)(b-\tau)^{\alpha-1}T_\alpha(b-\tau)[\lambda f_1+(1-\lambda)f_2](\tau)\mathrm{d}\omega(\tau)\bigg\}\mathrm{d}s.
\end{aligned}
$$

因为$S_{F,\psi}$是凸的, 则有$\lambda f_1+(1-\lambda)f_2\in S_{F,x_\rho}$, 则$\lambda\eta_1(t)+(1-\lambda)\eta_2(t)\in\Psi(x)$.

第 3 步. Ψ_1 是一个压缩算子.

对任意的 $x, y \in B_r(0, \mathcal{H}(b))$, $t \in J$ 有

$$\begin{aligned}
&E\|(\Psi_1 x)(t) - (\Psi_1 y)(t)\|_H^2 \\
&\le 2E\|G(t, x_t) - G(t, y_t)\|_H^2 \\
&+2E\|\int_0^t (t-s)^{\alpha-1} A T_\alpha(t-s)[G(s, x_s) - G(s, y_s)]\mathrm{d}s\|_H^2 \\
&\le \|A^{-\beta}\|^2 M_G \|x_t - y_t\|_{\mathcal{B}}^2 + 2K(\alpha, \beta)\frac{b^{2\alpha\beta}}{(\alpha\beta)^2} E\|A^\beta[G(s, x_s) - G(s, y_s)]\|_H^2 \\
&\le 4\|A^{-\beta}\|^2 M_G K_b^2 \sup_{0\le s\le t} E\|x(s) - y(s)\|_H^2 \\
&+4M_G K_b^2 K(\alpha, \beta)\frac{b^{2\alpha\beta}}{(\alpha\beta)^2} \sup_{0\le r\le s} E\|x(r) - y(r)\|_H^2 \\
&\le \left[4\|A^{-\beta}\|^2 M_G K_b^2 + 4M_G K_b^2 K(\alpha, \beta)\frac{b^{2\alpha\beta}}{(\alpha\beta)^2}\right] \sup_{0\le s\le t} E\|x(s) - y(s)\|_H^2.
\end{aligned}$$

从而得到

$$E\|\Psi_1(x) - \Psi_1(y)\|_H^2 \le \left[4\|A^{-\beta}\|^2 M_G K_b^2 + 4M_G K_b^2 K(\alpha, \beta)\frac{b^{2\alpha\beta}}{(\alpha\beta)^2}\right] E\|x - y\|_H^2.$$

因此由定理 4.1 中的 (ii) 知, Ψ_1 是一个压缩算子.

第 4 步. Ψ_2 是全连续的. 我们将这一步的证明分为 3 个断言.

断言 1. Ψ_2 把 $B_r(0, \mathcal{H}(b))$ 中的有界集映射到有界集.

事实上, 我们只要证明存在 Δ 使得对每一个 $\bar{\eta} \in \Psi_2(x)$, $x \in B_r(0, \mathcal{H}(b))$. 我们有 $\sup_{0\le t\le b} E\|\bar{\eta}(t)\|_H^2 \le \Delta$. 如果 $\bar{\eta} \in \Psi_2(x)$, $x \in B_r(0, \mathcal{H}(b))$, 则存在 $f \in S_{F, x_\rho}$ 使得对每一个 $t \in J$,有

$$\begin{aligned}
\bar{\eta}(t) \;=\;& S_\alpha(t)[\phi(0) - G(0, \phi)] + \int_0^t (t-s)^{\alpha-1} T_\alpha(t-s) h(s, x_{\rho(s, x_s)})\mathrm{d}s \\
&+ \int_0^t (t-s)^{\alpha-1} T_\alpha(t-s) f(s)\mathrm{d}\omega(s) + \int_0^t (t-s)^{\alpha-1} T_\alpha(t-s) B u_x^a(s)\mathrm{d}s.
\end{aligned}$$

通过利用 Hölder 不等式和假设 $(\mathrm{H}_0)$$-$$(\mathrm{H}_4)$, 对每一个 $t \in J$,有

$$\begin{aligned}
&E\|\bar{\eta}(t)\|_H^2 \\
\le\;& 4E\|S_\alpha(t)[\phi(0) - G(0, \phi)]\|_H^2 \\
&+4E\|\int_0^t (t-s)^{\alpha-1} T_\alpha(t-s) h(s, x_{\rho(s, x_s)})\mathrm{d}s\|_H^2
\end{aligned}$$

$$
\begin{aligned}
&+4E\|\int_0^t (t-s)^{\alpha-1}T_\alpha(t-s)f(s)\mathrm{d}\omega(s)\|_H^2 \\
&+4E\|\int_0^t (t-s)^{\alpha-1}T_\alpha(t-s)Bu_x^a(s)\mathrm{d}s\|_H^2 \\
\le\ & 8M^2E\|\phi(0)\|_H^2+8\|A^{-\beta}\|^2\left\{2c_1[(M_b+J_0^\phi)^2\|\phi\|_{\mathcal{B}}^2+K_b^2E\|\phi(0)\|_H^2]+c_2\right\} \\
&+4(\frac{M}{\Gamma(\alpha)})^2\frac{b^{2\alpha}}{\alpha^2}\sup_{s\in J}\mu(s)\Omega_1(r^*)+4(\frac{M}{\Gamma(\alpha)})^2\frac{b^{2\alpha}}{\alpha^2}\sup_{s\in J}\varphi(s)\Omega_2(r^*) \\
&+4M_B^2(\frac{M}{\Gamma(\alpha)})^2\frac{b^{2\alpha}}{\alpha^2}M_u \\
:=\ & \Delta.
\end{aligned}
$$

则对每一个 $\bar{\eta}\in\Psi_2(x)$ 有 $\sup\limits_{0\le t\le b}E\|\bar{\eta}(t)\|_H^2\le\Delta.$

断言 2. Ψ_2 映 $\mathcal{H}(b)$ 中的有界集为等度连续集.

对于 $0<t_1<t_2\le b$, 对每一个 $x\in B_r(0,\mathcal{H}(b))$, $\bar{\eta}\in\Psi_2(x)$, 存在 $f\in S_{F,x_\rho}$, 使得

$$
\begin{aligned}
\bar{\eta}(t)\ =\ & S_\alpha(t)[\phi(0)-G(0,x_0)]+\int_0^t (t-s)^{\alpha-1}T_\alpha(t-s)h(s,x_{\rho(s,x_s)})\mathrm{d}s \\
&+\int_0^t (t-s)^{\alpha-1}T_\alpha(t-s)f(s)\mathrm{d}\omega(s)+\int_0^t (t-s)^{\alpha-1}T_\alpha(t-s)Bu_x^a(s)\mathrm{d}s.
\end{aligned}
$$

令 $0<|t_2-t_1|<\delta, t_1+\delta<b,\ \delta>0$ 并且根据 $\{T_\alpha(t),t>0\}$ 的紧性, 我们知道 $T_\alpha(t)$ 关于 t 在一致算子拓扑意义上是连续的, 则存在足够小的 $\varepsilon>0$ 使得当 $\delta\to 0^+$, 对每一个 $t_1,t_2\in J$ 有

$$
\begin{aligned}
&E\|\bar{\eta}(t_2)-\bar{\eta}(t_1)\|_H^2\le\sum_{i=1}^{13}F_i \\
&=13E\|(S_\alpha(t_2)-S_\alpha(t_1))[\phi(0)+G(0,\phi)]\|_H^2 \\
&\quad+13E\|\int_0^{t_1}[(t_2-s)^{\alpha-1}-(t_1-s)^{\alpha-1}]T_\alpha(t_2-s)[h(s,x_{\rho(s,x_s)})+Bu_x^a(s)]\mathrm{d}s\|_H^2 \\
&\quad+13E\|\int_0^{t_1}[(t_2-s)^{\alpha-1}-(t_1-s)^{\alpha-1}]T_\alpha(t_2-s)f(s)\mathrm{d}\omega(s)\|_H^2 \\
&\quad+13E\|\int_{t_1}^{t_2}(t_2-s)^{(\alpha-1)}T_\alpha(t_2-s)[h(s,x_{\rho(s,x_s)})+Bu_x^a(s)]\mathrm{d}s\|_H^2 \\
&\quad+13E\|\int_{t_1}^{t_2}(t_2-s)^{(\alpha-1)}T_\alpha(t_2-s)f(s)\mathrm{d}\omega(s)\|_H^2
\end{aligned}
$$

$$
\begin{aligned}
&+13E\|\int_0^{t_1-\varepsilon}(t_1-s)^{(\alpha-1)}[T_\alpha(t_2-s)-T_\alpha(t_1-s)][h(s,x_{\rho(s,x_s)})+Bu_x^a(s)]\mathrm{d}s\|_H^2\\
&+13E\|\int_0^{t_1-\varepsilon}(t_1-s)^{(\alpha-1)}[T_\alpha(t_2-s)-T_\alpha(t_1-s)]f(s)\mathrm{d}\omega(s)\|_H^2\\
&+13E\|\int_{t_1-\varepsilon}^{t_1}(t_1-s)^{(\alpha-1)}[T_\alpha(t_2-s)-T_\alpha(t_1-s)][h(s,x_{\rho(s,x_s)})+Bu_x^a(s)]\mathrm{d}s\|_H^2\\
&+13E\|\int_{t_1-\varepsilon}^{t_1}(t_1-s)^{(\alpha-1)}[T_\alpha(t_2-s)-T_\alpha(t_1-s)]f(s)\mathrm{d}\omega(s)\|_H^2\\
&\leq 13\|S_\alpha(t_2)-S_\alpha(t_1)\|^2E\|\phi(0)+G(0,\phi)\|_H^2\\
&+13(\frac{M}{\Gamma(\alpha)})^2\int_0^{t_1}[(t_2-s)^{\alpha-1}-(t_1-s)^{\alpha-1}]\mathrm{d}s\times\int_0^{t_1}[(t_2-s)^{\alpha-1}-(t_1-s)^{\alpha-1}]\\
&\times\left[\sup_{s\in J}\mu(s)\Omega_1(r^*)+\sup_{s\in J}\varphi(s)\Omega_2(r^*)+M_B^2\sup_{s\in J}E\|u_x^a(s))\|_H^2\right]\mathrm{d}s\\
&+13(\frac{M}{\Gamma(\alpha)})^2\frac{(t_2-t_1)^{2\alpha}}{\alpha^2}\left[\sup_{s\in J}\mu(s)\Omega_1(r^*)\right.\\
&\left.+\sup_{s\in J}\varphi(s)\Omega_2(r^*)+M_B^2\sup_{s\in J}E\|u_x^a(s)\|_H^2\right]\\
&+13(\frac{M}{\Gamma(\alpha)})^2\frac{t_1^{2\alpha}}{\alpha^2}\sup_{s\in[0,t_1-\varepsilon]}\|T_\alpha(t_2-s)-T_\alpha(t_1-s)\|^2\\
&\times\left[\sup_{s\in J}\mu(s)\Omega_1(r^*)+\sup_{s\in J}\varphi(s)\Omega_2(r^*)+M_B^2\sup_{s\in J}E\|u_x^a(s))\|_H^2\right]\\
&+13(\frac{M}{\Gamma(\alpha)})^2\frac{\varepsilon^{2\alpha}}{\alpha^2}\left[\sup_{s\in J}\mu(s)\Omega_1(r^*)+\sup_{s\in J}\varphi(s)\Omega_2(r^*)+M_B^2\sup_{s\in J}E\|u_x^a(s))\|_H^2\right].
\end{aligned}
$$

$\{S_\alpha(t),\ t>0\}$, $\{T_\alpha(t),\ t>0\}$ 的紧性表明 $S_\alpha(t)$ 和 $T_\alpha(t)$ 关于 t 在一致算子拓扑意义上是连续的. 因此我们得到当 $t_2-t_1\to 0^+$ 时, $E\|\bar{\eta}(t_2)-\bar{\eta}(t_1)\|_H^2\to 0$.

对于 $t_1=0,\ 0<t_2\leq b$, 容易得到当 $t_2\to t_1=0$ 时, $E\|\bar{\eta}(t_2)-\bar{\eta}(0)\|_H^2\to 0$, 因此集合 $\{\Psi_2(x):x\in B_r(0,\mathcal{H}(b)\}$ 是等度连续的.

断言 3. $V(t)=\{\bar{\eta}(t),\ \bar{\eta}\in\Psi_2(B_r(0,\mathcal{H}(b))\}$ 在 H 中是相对紧的.

令 $0<t\leq b$ 固定, 对于 $\forall\,\lambda\in(0,t)$ 和 $\forall\,\delta>0$, 定义一个算子

$$
\begin{aligned}
\bar{\eta}^{\lambda,\delta}(t) \;=\;& \int_\delta^\infty\phi_\alpha(\theta)S(t^\alpha\theta)(\phi(0)-G(0,\phi))\mathrm{d}\theta\\
&+\int_0^{t-\lambda}\int_\delta^\infty\alpha\theta(t-s)^{\alpha-1}\phi_\alpha(\theta)S((t-s)^\alpha\theta)(h(s,x_{\rho(s,x_s)}+Bu_x^a(s))\mathrm{d}\theta\mathrm{d}s\\
&+\int_0^{t-\lambda}\int_\delta^\infty\alpha\theta(t-s)^{\alpha-1}\phi_\alpha(\theta)S((t-s)^\alpha\theta)f(s)\mathrm{d}\theta\mathrm{d}\omega(s)
\end{aligned}
$$

$$
\begin{aligned}
&= S(\lambda^\alpha\delta)\int_\delta^\infty \phi_\alpha(\theta)S(t^\alpha\theta-\lambda^\alpha\delta)(\phi(0)-G(0,\phi))\mathrm{d}\theta\\
&\quad+S(\lambda^\alpha\delta)\int_0^{t-\lambda}\int_\delta^\infty \alpha\theta(t-s)^{\alpha-1}\phi_\alpha(\theta)S((t-s)^\alpha\theta-\lambda^\alpha\delta)\\
&\quad\times[h(s,x_{\rho(s,x_s)})+Bu_x^a(s)]\mathrm{d}\theta\mathrm{d}s\\
&\quad+S(\lambda^\alpha\delta)\int_0^{t-\lambda}\int_\delta^\infty \alpha\theta(t-s)^{\alpha-1}\phi_\alpha(\theta)S(t^\alpha\theta-\lambda^\alpha\delta)f(s)\mathrm{d}\theta\mathrm{d}\omega(s).
\end{aligned}
$$

根据 $S(\lambda^\alpha\delta)\,(\lambda^\alpha\delta>0)$ 的紧性, 我们得到集合 $V_{\lambda,\delta}(t)=\{\bar{\eta}^{\lambda,\delta}(z)(t),x\in B_r(0,\mathcal{H}(b)\}$ 对 $\forall\,\lambda>0$ 和 $\forall\,\delta\in(0,t)$ 在 H 是相对紧的. 通过计算, 可以得到

$$
\begin{aligned}
&E\|\bar{\eta}^{\lambda,\delta}(t)-\bar{\eta}(t)\|_H^2\\
&= 7E\|\int_0^\delta \phi_\alpha(\theta)S(t^\alpha\theta)(\phi(0)-G(0,\phi))\mathrm{d}\theta\|_H^2\\
&\quad+7E\|\int_0^t\int_0^\delta \alpha\theta(t-s)^{\alpha-1}\phi_\alpha(\theta)S((t-s)^\alpha\theta)h(s,x_{\rho(s,x_s)})\mathrm{d}\theta\mathrm{d}s\|_H^2\\
&\quad+7E\|\int_0^t\int_0^\delta \alpha\theta(t-s)^{\alpha-1}\phi_\alpha(\theta)S((t-s)^\alpha\theta)f(s)\mathrm{d}\theta\mathrm{d}\omega(s)\|_H^2\\
&\quad+7E\|\int_0^t\int_0^\delta \alpha\theta(t-s)^{\alpha-1}\phi_\alpha(\theta)S((t-s)^\alpha\theta)Bu_x^a(s)\mathrm{d}\theta\mathrm{d}s\|_H^2\\
&\quad+7E\|\int_{t-\lambda}^t\int_\delta^\infty \alpha\theta(t-s)^{\alpha-1}\phi_\alpha(\theta)S((t-s)^\alpha\theta)h(s,x_{\rho(s,x_s)})\mathrm{d}\theta\mathrm{d}s\|_H^2\\
&\quad+7E\|\int_{t-\lambda}^t\int_\delta^\infty \alpha\theta(t-s)^{\alpha-1}\phi_\alpha(\theta)S((t-s)^\alpha\theta)f(s)\mathrm{d}\theta\mathrm{d}\omega(s)\|_H^2\\
&\quad+7E\|\int_{t-\lambda}^t\int_\delta^\infty \alpha\theta(t-s)^{\alpha-1}\phi_\alpha(\theta)S((t-s)^\alpha\theta)Bu_x^a(s)\mathrm{d}\theta\mathrm{d}s\|_H^2\\
&\le 7M^2E\|\phi(0)-G(0,\phi)\|^2\|\int_0^\delta \phi_\alpha(\theta)\mathrm{d}\theta\|_H^2\\
&\quad+7\alpha^2M^2\frac{b^{2\alpha}}{\alpha^2}(\int_0^\delta \theta\phi_\alpha(\theta)\mathrm{d}\theta)^2\sup_{s\in J}\mu(s)\Omega_1(r^*)\\
&\quad+7\alpha^2M^2\frac{b^{2\alpha}}{\alpha^2}(\int_0^\delta \theta\phi_\alpha(\theta)\mathrm{d}\theta)^2\sup_{s\in J}\varphi(s)\Omega_2(r^*)\\
&\quad+7\alpha^2M^2\frac{b^{2\alpha}}{\alpha^2}M_B^2M_u(\int_0^\delta \theta\phi_\alpha(\theta)\mathrm{d}\theta)^2\\
&\quad+7\alpha^2\frac{\lambda^{2\alpha}}{\alpha^2}M^2\sup_{s\in J}\mu(s)\Omega_1(r^*)(\frac{1}{\Gamma(1+\alpha)})^2
\end{aligned}
$$

$$+7\alpha^2\frac{\lambda^{2\alpha}}{\alpha^2}M^2\sup_{s\in J}\varphi(s)\Omega_2(r^*)(\frac{1}{\Gamma(1+\alpha)})^2$$
$$+7\alpha^2\frac{\lambda^{2\alpha}}{\alpha^2}M^2M_B^2(\frac{1}{\Gamma(1+\alpha)})^2M_u.$$

因此, 当 $\lambda\to 0^+,\delta\to 0^+$时, 我们可以验证上式的右端趋于零. 因为存在相对紧集可以任意接近集合 $V(t)=\{\bar\eta(t),\ \bar\eta\in\Psi_2(B_r(0,\mathcal{H}(b))\}$, 因此, $V(t)=\{\bar\eta(t),\ \bar\eta\in\Psi_2(B_r(0,\mathcal{H}(b))\}$ 在 H 中是相对紧的.

从第 2 步和第 4 步, 我们知道 Ψ_2 是一个有凸紧值的全连续多值算子.

第 5 步. Ψ_2 有闭图像.

令 $x^{(n)}\to x^*(n\to+\infty)$, $\bar\eta^{(n)}\in\Psi_2(x^{(n)})$, $x^{(n)}\in B_r(0,\mathcal{H}(b))$ 以及 $\bar\eta^{(n)}\to\bar\eta^*$ $(n\to+\infty)$. 我们接下来证明 $\bar\eta^*\in\Psi_2(x^*)$. 因为 $\bar\eta^{(n)}\in\Psi_2(x^{(n)})$, 所以存在 $f^{(n)}\in S_{F,x_\rho^{(n)}}$ 使得对每一个 $t\in J$,有

$$\begin{aligned}\bar\eta^{(n)}(t) &= S_\alpha(t)[\phi(0)-G(0,\phi)]+\int_0^t(t-s)^{\alpha-1}T_\alpha(t-s)f^{(n)}(s)\mathrm{d}\omega(s)\\&+\int_0^t(t-s)^{\alpha-1}T_\alpha(t-s)h(s,x_{\rho(s,x_s^{(n)})})\mathrm{d}\omega(s)\\&+\int_0^t(t-s)^{\alpha-1}T_\alpha(t-s)B\Big\{B^*T_\alpha^*(b-s)R(a,\Gamma_0^b)\\&\times\Big[E\bar x_b+\int_0^b\varphi(r)dr-G(b,x^{(n)}(b))-S_\alpha(b)[\phi(0)-G(0,\phi)]\Big]\\&-B^*T_\alpha^*(b-s)\int_0^bR(a,\Gamma_\tau^b)(b-\tau)^{\alpha-1}AT_\alpha(b-\tau)G(\tau,x_\tau^{(n)})\mathrm{d}\tau\\&-B^*T_\alpha^*(b-s)\int_0^bR(a,\Gamma_\tau^b)(b-\tau)^{\alpha-1}T_\alpha(b-\tau)h(\tau,x^{(n)}_{\rho(\tau,x_\tau^{(n)})})\mathrm{d}\tau\\&-B^*T_\alpha^*(b-s)\int_0^bR(a,\Gamma_\tau^b)(b-\tau)^{\alpha-1}T_\alpha(b-\tau)f^{(n)}(\tau)\mathrm{d}\omega(\tau)\Big\}\mathrm{d}s.\end{aligned}$$

现在, 我们考虑序列 $\{x^{(n)}_{\rho(s,x_s^{(n)})}\}_{n\in N}$, $s\in J$ 的收敛性.
我们假定 $x^{(n)}\to x^*$ 且均在 H 中. 如果 $s\in J$, 使得 $\rho(s,x_s)>0$, 则有

$$\begin{aligned}\|x^{(n)}_{\rho(s,x_s^{(n)})}-x^*_{\rho(s,x_s^*)}\|^2_{\mathcal{B}} &\le 2\|x^{(n)}_{\rho(s,x_s^{(n)})}-x^*_{\rho(s,x_s^{(n)})}\|^2_{\mathcal{B}}+2\|x^*_{\rho(s,x_s^{(n)})}-x^*_{\rho(s,x_s^*)}\|^2_{\mathcal{B}}\\&\le 2K_b^2E\|x^{(n)}-x^*\|^2_H+2\|x^*_{\rho(s,x_s^{(n)})}-x^*_{\rho(s,x_s^*)}\|^2_{\mathcal{B}},\end{aligned}$$

这就证明了当 $n\to\infty$ 时, $x^{(n)}_{\rho(s,x_s^{(n)})}\to x^*_{\rho(s,x_s^*)}$ 且仍在 $\mathcal{B}$ 中.

如果 $s \in J$, 使得 $\rho(s, x_s) < 0$,

$$\|x^{(n)}_{\rho(s,x_s^{(n)})} - x^*_{\rho(s,x_s^*)}\|^2_{\mathcal{B}} = \|\phi^{(n)}_{\rho(s,\rho_s^{(n)})} - \phi^*_{\rho(s,\rho_s^*)}\|^2_{\mathcal{B}} = 0.$$

结合上面的论述, 可以证明对每一个 $s \in J$, $x^{(n)}_{\rho(s,x_s^{(n)})} \to \phi$ 且使得 $\rho(s, x_s^{(n)}) = 0$. 因此对每一个 $s \in J$, 当 $n \to +\infty$ 时, $x^{(n)}_{\rho(s,x_s^{(n)})} \to x^*_{\rho(s,x_s^*)} \in \mathcal{B}$.

我们必须证明存在某个 $f^* \in S_{F,x_\rho^*}$, 使得对每一个 $t \in J$,

$$\begin{aligned}
\bar{\eta}^*(t) \;=\;& S_\alpha(t)[\phi(0) - G(0,\phi)] + \int_0^t (t-s)^{\alpha-1} T_\alpha(t-s) f^*(s) \mathrm{d}\omega(s) \\
&+ \int_0^t (t-s)^{\alpha-1} T_\alpha(t-s) h(s, x_{\rho(s,x_s^*)}) \mathrm{d}\omega(s) \\
&+ \int_0^t (t-s)^{\alpha-1} T_\alpha(t-s) B\Big\{ B^* T_\alpha^*(b-s) R(a, \Gamma_0^b) \\
&\times \Big[E\bar{x}_b + \int_0^b \varphi(r)\mathrm{d}r - G(b, x(b)) - S_\alpha(b)[\phi(0) - G(0,\phi)] \Big] \\
&- B^* T_\alpha^*(b-s) \int_0^b R(a, \Gamma_\tau^b)(b-\tau)^{\alpha-1} A T_\alpha(b-\tau) G(\tau, x_\tau^*) \mathrm{d}\tau \\
&- B^* T_\alpha^*(b-s) \int_0^b R(a, \Gamma_\tau^b)(b-\tau)^{\alpha-1} T_\alpha(b-\tau) h(\tau, x^*_{\rho(\tau,x_\tau^*)}) \mathrm{d}\tau \\
&- B^* T_\alpha^*(b-s) \int_0^b R(a, \Gamma_\tau^b)(b-\tau)^{\alpha-1} T_\alpha(b-\tau) f^*(\tau) d\omega(\tau) \Big\} \mathrm{d}s.
\end{aligned}$$

因为 $\bar{\eta}^{(n)} \to \bar{\eta}^*$, $(n \to +\infty)$, 可以得到

$$\begin{aligned}
E\Big\| & \bar{\eta}^{(n)}(t) - S_\alpha(t)[\phi(0) - G(0,\phi)] - \int_0^t (t-s)^{\alpha-1} T_\alpha(t-s) h(s, x^{(n)}_{\rho(s,x_s^{(n)})}) \mathrm{d}s \\
&- \int_0^t (t-s)^{\alpha-1} T_\alpha(t-s) B\Big\{ B^* T_\alpha^*(b-s) R(a, \Gamma_0^b) \Big[E\bar{x}_b + \int_0^b \varphi(r)\mathrm{d}r \\
&- S_\alpha(b)[\phi(0) - G(0,\phi)] - G(b, x_b^{(n)}) \Big] \\
&- B^* T_\alpha^*(b-s) \int_0^b R(a, \Gamma_\tau^b)(b-\tau)^{\alpha-1} A T_\alpha(b-\tau) G(\tau, x_\tau^{(n)}) \mathrm{d}\tau \\
&- B^* T_\alpha^*(b-s) \int_0^b R(a, \Gamma_\tau^b)(b-\tau)^{\alpha-1} T_\alpha(b-\tau) h(\tau, x^{(n)}_{\rho(\tau,x_\tau^{(n)})}) \mathrm{d}\tau \Big\} \mathrm{d}s \\
&- \Big(\bar{\eta}^*(t) - S_\alpha(t)[\phi(0) - G(0,\phi)] - \int_0^t (t-s)^{\alpha-1} T_\alpha(t-s) h(s, x^{(n)}_{\rho(s,x_s^*)}) \mathrm{d}s
\end{aligned}$$

$$
\begin{aligned}
&-\int_0^t (t-s)^{\alpha-1}(b-s)^{\alpha-1}T_\alpha(t-s)B\Big\{B^*T_\alpha^*(b-s)R(a,\Gamma_0^b)\Big[E\bar{x}_b \\
&+\int_0^b \varphi(r)\mathrm{d}r - S_\alpha(b)[\phi(0)-G(0,\phi)] - G(b,x_b^*)\Big] \\
&-B^*T_\alpha^*(b-s)\int_0^b R(a,\Gamma_\tau^b)(b-\tau)^{\alpha-1}AT_\alpha(b-\tau)G(\tau,x_\tau^*)\mathrm{d}\tau \\
&-B^*T_\alpha^*(b-s)\int_0^b R(a,\Gamma_\tau^b)(b-\tau)^{\alpha-1}T_\alpha(b-\tau)h(\tau,x^*_{\rho(\tau,x_\tau^*)})\mathrm{d}\tau\Big\}\mathrm{d}s\Big)\Big\|_H^2 \to 0.
\end{aligned}
$$

考虑线性算子

$$
\Gamma: L^2(J,H)\to C(J,H),
$$

$$
\begin{aligned}
(\Gamma f)(t) = &\int_0^t (t-s)^{\alpha-1}T_\alpha(t-s)f(s)\mathrm{d}\omega(s) - \int_0^t (t-s)^{\alpha-1}T_\alpha(t-s)BB^*T_\alpha^*(b-s) \\
&\times\Big(\int_0^b R(a,\Gamma_\tau^b)(b-\tau)^{\alpha-1}T_\alpha(b-\tau)f(\tau)\mathrm{d}\omega(\tau)\Big)\mathrm{d}s.
\end{aligned}
$$

根据引理 1.5, 我们知道 $\Gamma\circ S_F$ 是一个闭算子. 另外, 我们有

$$
\begin{aligned}
\bar{\eta}^{(n)}(t) \quad &-S_\alpha(t)[\phi(0)-G(0,\phi)] - \int_0^t (t-s)^{\alpha-1}T_\alpha(t-s)B\Big\{B^*T_\alpha^*(b-s) \\
&\times R(a,\Gamma_0^b)\Big[E\bar{x}_b + \int_0^b \varphi(r)\mathrm{d}r - S_\alpha(b)[\phi(0)-G(0,\phi)] - G(b,x_b^{(n)})\Big] \\
&-B^*T_\alpha^*(b-s)\int_0^b R(a,\Gamma_\tau^b)(b-\tau)^{\alpha-1}AT_\alpha(b-\tau)G(\tau,x_\tau^{(n)})\mathrm{d}\tau \\
&-B^*T_\alpha^*(b-s)\int_0^b R(a,\Gamma_\tau^b)(b-\tau)^{\alpha-1}T_\alpha(b-\tau)h(\tau,x^{(n)}_{\rho(\tau,x_\tau^{(n)})})\mathrm{d}\omega(\tau)\Big\}\mathrm{d}s \\
&\in \Gamma(S_F, x_\rho^{(n)}).
\end{aligned}
$$

因为 $x^{(n)}\to x^*$, 根据引理 1.5, 可以得到存在某个 $f^*\in S_{F,x_\rho^*}$,

$$
\begin{aligned}
&\bar{\eta}^*(t) - S_\alpha(t)[\phi(0)-G(0,\phi)] - \int_0^t (t-s)^{\alpha-1}T_\alpha(t-s)B\Big\{B^*T_\alpha^*(b-s) \\
&\times R(a,\Gamma_0^b)\Big[E\bar{x}_b + \int_0^b \varphi(r)\mathrm{d}r - S_\alpha(b)[\phi(0)-G(0,\phi)] - G(b,x_b^*)\Big] \\
&-B^*T_\alpha^*(b-s)\int_0^b R(a,\Gamma_\tau^b)(b-\tau)^{\alpha-1}AT_\alpha(b-\tau)G(\tau,x_\tau^*)\mathrm{d}\tau \\
&-B^*T_\alpha^*(b-s)\int_0^b R(a,\Gamma_\tau^b)(b-\tau)^{\alpha-1}T_\alpha(b-\tau)h(\tau,x^*_{\rho(\tau,x_\tau^*)})\mathrm{d}\tau\Big\}\mathrm{d}s
\end{aligned}
$$

$$= \int_0^t (t-s)^{\alpha-1}T_\alpha(t-s)f^*(s)\mathrm{d}\omega(s) - \int_0^t (t-s)^{\alpha-1}T_\alpha(t-s)BB^*T_\alpha^*(b-s)$$
$$\times\left(\int_0^b R(a,\Gamma_\tau^b)(b-\tau)^{\alpha-1}T_\alpha(b-\tau)f^*(\tau)\mathrm{d}\omega(\tau)\right)\mathrm{d}s.$$

这表明 $\bar{\eta}^* \in \Psi_2(x^*)$. 因此 Ψ_2 有闭图像. 第 1—5 步的证明完毕.

因为 Ψ_2 是一个有凸紧值的全连续的多值映射, 根据命题 1.1 (4), 我们得到 Ψ_2 是上半连续的. 另外, Ψ_1 是压缩的, 因此 $\Psi = \Psi_1 + \Psi_2$ 是上半连续且凝聚的. 从而根据引理 1.6, 可知算子 Ψ 在 $B(r, \mathcal{H}(b))$ 中有不动点, 这个不动点就是系统 (4.1) 的适度解. 证毕. □

4.4 逼近可控性

考虑随机线性系统

$$\begin{cases} {}^cD^\alpha x(t) \in Ax(t) + (Bu)(t) + \sigma(t)\frac{\mathrm{d}\omega(t)}{\mathrm{d}t}, & t \in [0,b], \\ x_0 = \phi \in \mathcal{B}, \end{cases} \tag{4.6}$$

以及确定性线性系统

$$\begin{cases} {}^cD^\alpha x(t) \in Ax(t) + (Bv)(t), & t \in [0,b], \\ x_0 = \phi \in \mathcal{B}, \end{cases} \tag{4.7}$$

其中 $B: U \to H$ 是一个有界线性算子, $u \in L_2^{\mathcal{F}}([0,b],U), v \in L_2([0,b],U)$.

定义 4.2 令 $x_b(\phi, u)$ 是系统在最终时刻 b 的状态, 相对应的控制函数是 u, 且初值为 ϕ. 引入集合

$$R(b,\phi) = \{x_b(\phi,u)(0) : u(\cdot) \in L^2(J,u)\},$$

它称为系统 (4.1) 在终点时刻 b 的可达集, 且它在 H 中的闭包记为 $\overline{R(b,\phi)}$. 系统 (4.1) 称为在区间 J 上是逼近可控的如果可达集的闭包 $\overline{R(b,\phi)} = H$, 也就是说, 给定任意的 $\varepsilon > 0$, 那么系统可以从最初状态 $\phi(0)$ 经过有限时间到达时刻 b 所处状态的任意 ε 领域内的任一个状态.

引理 4.2 [61] 控制系统 (4.6) 在 $[s,b]$ 上是逼近可控的当且仅当如下条件成立:

(a) $\Gamma_s^b > 0$;

(b) 当在强算子拓扑意义上 $a \to 0^+$ 时, $a(aI+\Gamma_s^b)^{-1}$ 收敛到零算子;

(c) 当在弱算子拓扑意义上 $a \to 0^+$ 时, $a(aI+\Gamma_s^b)^{-1}$ 收敛到零算子.

注4.2　假设线性分数阶控制系统是逼近可控的. 我们引入与系统 (4.7) 相关联的算子: $\Gamma_0^b = \int_0^b (b-s)^{(\alpha-1)} T_\alpha(b-s) BB^* T_\alpha^*(b-s) \mathrm{d}s$, $R(a, \Gamma_0^b) = (aI+\Gamma_0^b)^{-1}$ 对$a>0$. 通过回顾以前的知识我们知道系统 (4.7) 在 J 上逼近可控当且仅当在强算子拓扑意义上 $a \to 0^+$ 时, $a(aI+\Gamma_0^b)^{-1} \to 0$ (参见文献 [59]).

引理 4.3 [61]　随机包含系统 (4.6) 在 $[0,b]$ 上逼近可控当且仅当确定系统 (4.7) 在每一个 $[s,b]$, $0 \le s < b$ 上逼近可控.

引理 4.4　系统 (4.1) 的相对于控制函数 $u_x^a(t,x)$ 的解满足下面的等式:

$$
\begin{aligned}
x^{(a)}(b) \;=\; & \bar{x}_b - a(aI+\Gamma_0^b)^{-1}\Big[E\bar{x}_b + \int_0^b \tilde{\varphi}(r)\mathrm{d}r - S_\alpha(b)[\phi(0)-G(0,\phi)] - G(b, x_b^{(a)})\Big] \\
& + a\int_0^b (aI+\Gamma_r^b)^{-1}(b-r)^{\alpha-1} A T_\alpha(b-r) G(r, x_r^{(a)})\mathrm{d}r \\
& + a\int_0^b (aI+\Gamma_r^b)^{-1}(b-r)^{\alpha-1} T_\alpha(b-r) h(r, x^{(a)}_{\rho(r, x_r^{(a)})})\mathrm{d}r \\
& + a\int_0^b (aI+\Gamma_r^b)^{-1}(b-r)^{\alpha-1} T_\alpha(b-r) f^{(a)}(r)\mathrm{d}\omega(r),
\end{aligned}
$$

其中 $f^{(a)} \in S_{F, x_\rho^{(a)}}$.

证明:　通过利用随机 Fubini 定理, 我们可以推出这个等式. 此处略.

定理 4.2　假定定理4.1 的条件成立, 序列 $\{h(s, x^{(a)}_{\rho(s, x_s^{(a)})})\}$, $\{F(s, x^{(a)}_{\rho(s, x_s)})\}$ 和 $\{A^\beta G(s, x^{(a)}_{\rho(s, x_s)})\}$ 对每一个 $s \in J$ 是一致有界的, 而且系统 (4.6) 是逼近可控的, 那么随机系统 (4.1) 在 J 上逼近可控.

证明:　在上面的假设下, 我们知道存在一个对应于控制函数 $u_x^a(t,x)$ 的适度解. 令 $x^{(a)}$ 为 Ψ 的不动点. 通过我们的假设, 序列 $\{h(s, x^{(a)}_{\rho(s, x_s^{(a)})})\}$, $\{A^\beta G(s, x_s^{(a)})\}$, $\{f^{(a)}(s)\}$ 是一致有界的, 其中 $\{f^{(a)}(s)\} \in S_{F, x_\rho^{(a)}}$. 所以存在子序列, 为了简便记为 $\{h(s)\}$, $\{A^\beta G(s)\}$, $\{f^*(s)\}$ $L(K,H)$, 其中 $\{h(s)\}$, $\{A^\beta G(s)\}$ 属于 H, $\{f^*(s)\}$ 属于 $L(K,H)$.

$\{T_\alpha(t), t>0\}$ 的紧性意味着

$$\begin{cases} T_\alpha(b-r)f^{(a)}(r) \to T_\alpha(b-r)f^*(r), \\ T_\alpha(b-r)h(r, x^{(a)}_{\rho(r,x_r^{(a)})}) \to T_\alpha(b-r)h(r), \\ T_\alpha(b-r)A^\beta G(r, x_r^{(a)}) \to T_\alpha(b-r)A^\beta G(r). \end{cases} \tag{4.8}$$

另外, 通过假设知系统(4.6)是逼近可控的, 由引理4.1和引理4.2, 我们知道对所有的$0 \le s < b$, 当$a \to 0^+$ 时, $a(aI+\Gamma_s^b)^{-1}$ 强收敛于零.同时, 对$\forall\ s \in [0,b)$, $\|a(aI+\Gamma_s^b)^{-1}\| \le 1$, 根据Lebesgue控制收敛定理, 当$a \to 0^+$ 时,

$$\begin{aligned}
&E\|x^{(a)}(b)-\bar{x}_b\|_H^2 \\
&\le 8E\left\|a(aI+\Gamma_0^b)^{-1}\left[E\bar{x}_b+\int_0^b\tilde{\varphi}(r)\mathrm{d}r - S_\alpha(b)[\phi(0)-G(0,\phi)] - G(b, x_b^{(a)})\right]\right\|^2 \\
&\quad +8\|A^{-\beta}\|^2\|a(aI+\Gamma_r^b)^{-1}\|^2 \\
&\quad \times E\left[\int_0^b (b-r)^{(\alpha-1)}T_\alpha(b-r)\|[A^\beta G(r,x_r^{(a)}) - A^\beta G(r)]\|\mathrm{d}r\right]^2 \\
&\quad +8\|A^{-\beta}\|^2\|a(aI+\Gamma_r^b)^{-1}\|^2 E\left[\int_0^b (b-r)^{(\alpha-1)}\|T_\alpha(b-r)A^\beta G(r)\|\mathrm{d}r\right]^2 \\
&\quad +8\|a(aI+\Gamma_r^b)^{-1}\|^2 E\left[\int_0^b (b-r)^{(\alpha-1)}\|T_\alpha(b-r)[h(r, x^{(a)}_{\rho(r,x_r^{(a)})}) - h(r)]\|\mathrm{d}r\right]^2 \\
&\quad +8\|a(aI+\Gamma_r^b)^{-1}\|^2 E\left[\int_0^b (b-r)^{(\alpha-1)}\|T_\alpha(b-r)h(r)\|\mathrm{d}r\right]^2 \\
&\quad +8\|a(aI+\Gamma_r^b)^{-1}\|^2 E\left[\int_0^b (b-r)^{(\alpha-1)}\|T_\alpha(b-r)[f^{(a)}(r)-f^*(r)]\|\mathrm{d}\omega(r)\right]^2 \\
&\quad +8\|a(aI+\Gamma_r^b)^{-1}\|^2 E\left[\int_0^b (b-r)^{(\alpha-1)}\|T_\alpha(b-r)f^*(r)\|\mathrm{d}\omega(r)\right]^2 \to 0.
\end{aligned}$$

这就证明了系统(4.1)的逼近可控性. 证毕. □

4.5 实例

在本节中我们通过实例来说明前面所得到的结果的可行性和有效性, 我们考虑如

下的带有状态依赖时滞的分数阶中立型随机微分包含系统

$$\begin{cases} {}^cD^{\frac{3}{4}}(w(t,z)-\int_{-\infty}^{t}\int_{0}^{\pi}b(t-s,\eta,z)w(s,z)\mathrm{d}\eta\mathrm{d}s)\in w_{zz}(t,z)+\mu(t,z) \\ +\int_{-\infty}^{t}\bar{h}(t,t-s,z,w(s-\rho_1(t)\rho_2(\|w(t)\|),z)\mathrm{d}s \\ +\int_{-\infty}^{t}\bar{F}(t,t-s,z,w(s-\rho_1(t)\rho_2(\|w(t)\|),z)\mathrm{d}s\frac{\mathrm{d}\beta(t)}{\mathrm{d}t},\ 0\le z\le\pi,\ t\in J=[0,b], \\ w(t,0)=w(t,\pi)=0,\quad t\in[0,b], \\ w(\theta,z)=\phi(\theta,z),\quad \theta\le 0,\quad z\in[0,\pi], \end{cases} \tag{4.9}$$

其中 $b>0$, $\beta(t)$ 是一个定义在完备概率空间 $(\Omega,\mathcal{F},P)$ 上的标准的布朗运动. 我们选择空间 $H=U=L^2([0,\pi])$, 范数用 $\|\cdot\|$ 来表示. 定义算子 A 为 $Av=v''$, 其定义域为 $D(A)=\{v\in H: v,v'$ 全连续, $v''\in H, v(0)=v(\pi)=0\}$, 则 A 生成一个强连续半群 $\{S(t)_{t\ge 0}\}$, 这个半群是紧的解析的且自伴随的. 另外, A 有离散谱, 特征值是 $-n^2, n\in\mathbb{N}^+$, 并且有相对应的特征向量. 我们需要如下性质:

(1) 对每一个 $v\in H, S(t)v=\sum_{n=1}^{\infty}\mathrm{e}^{-n^2t}\langle v,e_n\rangle e_n$, 特别地, $S(\cdot)$ 是一个一致稳定的半群 $\|S(t)\|\le \mathrm{e}^{-t}$;

(2) 对每一个 $v\in H$, $A^{-\frac{1}{2}}v=\sum_{n=1}^{\infty}\frac{1}{n}\langle v,v_n\rangle v_n$ 且 $\|A^{-\frac{1}{2}}\|=1$;

(3) 算子 $A^{\frac{1}{2}}$ 由 $A^{\frac{1}{2}}v=\sum_{n=1}^{\infty}n\langle v,v_n\rangle v_n$ 给定, 且定义在空间 $D(A^{\frac{1}{2}})=\{v(\cdot)\in H,\sum_{n=1}^{\infty}n\langle v,v_n\rangle v_n\in H\}$ 上.

为了研究这个系统, 我们需要如下条件:

(i) 函数 $\rho_i:[0,+\infty)\to[0,+\infty)$, $i=1,2$ 是连续的;

(ii) 函数 $b(s,\eta,z)$, $\dfrac{\partial b(s,\eta,z)}{\partial z}$ 是可测的, $b(s,\eta,\pi)=b(s,\eta,0)=0$, 系数

$$L_G=\max\{(\int_0^{\pi}\int_{-\infty}^{0}\int_0^{\pi}\frac{1}{g(s)}(\frac{\partial^i b(s,\eta,z)}{\partial z^i})^2)\mathrm{d}\eta\mathrm{d}s\mathrm{d}z)^{\frac{1}{2}}:i=0,1\}<+\infty;$$

(iii) 函数 $\bar{h}:\mathbb{R}^4\to\mathbb{R}$, $\bar{F}:\mathbb{R}^4\to\mathbb{R}$ 是连续的且存在连续函数 $c:\mathbb{R}\to\mathbb{R}$, $d:\mathbb{R}\to\mathbb{R}$ 使得

$$\|\bar{h}(t,s,u,y)\|\le c(s)\|y\|,\ \|\bar{F}(t,s,u,y)\|\le d(s)\|y\|,\ (t,s,u,y)\in\mathbb{R}^4,$$

常数

$$L_{\bar{h}} = (\int_{-\infty}^{0} \frac{(c(s))^2}{g(s)} \mathrm{d}s)^{\frac{1}{2}} < \infty,\ L_{\bar{F}} = (\int_{-\infty}^{0} \frac{(d(s))^2}{g(s)} \mathrm{d}s)^{\frac{1}{2}} < +\infty.$$

令 $G: J \times \mathcal{B} \to H,\ F: J \times \mathcal{B} \to \mathcal{P}(H)$ 为分别由

$$x(t)(z) = w(t,z),\ G(t,\psi)(z) = \int_{-\infty}^{t} \int_{0}^{\pi} b(t-s,\eta,z)\psi(s,\eta)\mathrm{d}\eta\mathrm{d}s$$

定义的算子.

$$h(t,\psi)(z) = \int_{-\infty}^{0} \bar{h}(t,s,z,\psi(s,z))\mathrm{d}s,\ F(t,\psi)(z) = \int_{-\infty}^{0} \bar{F}(t,s,z,\psi(s,z))\mathrm{d}s \frac{\mathrm{d}\beta(t)}{\mathrm{d}t},$$

$$\rho(s,\varphi) = \rho_1(s)\rho(\|\varphi(0)\|)),$$

其中 $b, \bar{h}, \bar{F}$ 是连续函数. $\mathcal{B} = C_0 \times L^2(g,H)$ 是文献[51,73]中介绍的相空间. 由上面的讨论, 我们知道算子 F, h 是有界的, 且 $E\|F\|^2 \leq L_{\bar{F}}^2$, $E\|h\|^2 \leq L_{\bar{h}}^2$. (ii) 中的估计可以得出结论: G 是 $D(A^{\frac{1}{2}})-$ 值的, 且 $E\|A^{\frac{1}{2}}G\|^2 \leq L_G^2$. 因此, $F, h, A^{\frac{1}{2}}G$ 均为有界的. 定义有界线性算子 $B: U \to H$ 为 $Bu(t)(z) = \mu(t,z)$, $0 \leq z \leq \pi$, $u \in U$, 其中 $\mu: [0,b] \times [0,\pi] \to H$ 是连续的.

另外, 对应于(4.1) 的线性系统是逼近可控的. 那么, 上面的系统(4.1) 可以写成(4.9) 的抽象形式. 另外, 假定 F, h 和 G 满足定理4.1 的假设, 则系统(4.9) 在 J 上是逼近可控的.

第5章　一类带有非局部条件的 Hilfer 分数阶发展方程适度解的存在性

5.1　研究背景及研究意义

本章考虑一类具有非局部条件的 Hilfer 分数阶发展方程的适度解的存在性. 通过利用不动点原理和非紧性测度方法, 在相关的半群是紧的或者非紧的情形下, 我们建立了几种新的标准来保证适度解的存在唯一性.

2015 年, Gu 和 Trujillo [9] 研究了如下分数阶发展方程

$$\begin{cases} D_{0+}^{v,\mu}x(t) = Ax(t) + f(t,x(t)), \quad t \in J' = (0,b], \\ I_{0+}^{(1-v)(1-\mu)}x(0) = x_0, \end{cases} \tag{5.1}$$

其中 $D_{0+}^{v,\mu}$ 是 Hilfer 分数阶导数, 具体定义会在后文中给出, 且 $0 \le v \le 1, 0 < \mu < 1$.

在本章中, 我们主要讨论如下 Hilfer 分数阶发展方程的适度解的存在性和唯一性.

$$\begin{cases} D_{0+}^{\gamma,\beta}[x(t) - h(t,x(t))] = Ax(t) + f(t,x(t)), \quad t \in J' = (0,b], \\ I_{0+}^{(1-\beta)(1-\gamma)}[x(0) - h(t,x(0))] - g(x) = x_0, \end{cases} \tag{5.2}$$

其中 $D_{0+}^{\gamma,\beta}$ 代表 β 类的 γ 阶 Hilfer 分数阶导数, $0 \le \beta \le 1$, $0 < \gamma < 1$, 状态 $x(\cdot)$ 取值于一个 Banach 空间 X 中(范数为 $\|\cdot\|$). 控制函数 u 取值于 $L^2(J,U)$, U 是一个 Banach 空间, A 是一个 X 中的解析半群 $\{S(t)\}_{t\ge 0}$ 生成的无穷小生成元, B 是一个从 U 到 X 中的有界线性算子, 令 $J = [0,b]$, $f : J \times X \to X$ 是满足特定条件的给定函数且 x_0 是 Banach 空间 X 中的一个元素. 算子 g 是一个连续的紧映射. 非局部条件在物理中比古典的初值条件 $x(0) = x_0$ 有更好的应用. 例如, $g(x)$ 可以由 $g(x) = \sum_{i=1}^{m} c_i x(t_i)$ 给出, 其中 $c_i (i = 1, 2, ..., n)$ 是给定的常数且 $0 < t_1 < t_2 < ... < t_n \le b$. 在本章中, 在不引起混淆的情况下, 无论可能涉及哪些空间, 我们总是用符号 $\|\cdot\|$ 代表算子的范数.

本章结构如下. 在第二部分, 我们回顾了一些必需的基础知识并且证明了几个预备定理. 在第三部分, 我们在相关半群是紧或非紧的情况下分别建立了系统 (5.2) 适度解的存在性和唯一性. 第四部分给出了本章的结论.

5.2 预备知识

在本章中, $C(J,X)$ 和 $C(J',X)$ 分别代表从 J 到 X 以及从 J' 到 X 的连续函数构成的空间.

令 $\nu=\beta+\gamma-\beta\gamma$, 则 $1-\nu=(1-\beta)(1-\gamma)$, 定义 $C_{1-\nu}(J,X)=\{x:t^{1-\nu}x(t)\in C(J,X)\}$, 范数 $\|\cdot\|_\nu$ 如下定义 $\|x\|_\nu=\sup\{t^{1-\nu}\|x(t)\|,\ \nu=\beta+\gamma-\beta\gamma, t\in J'\}$. 显然, $C_{1-\nu}(J,X)$ 是一个 Banach 空间.

引理 5.1 柯西问题 (5.2) 等价于积分方程

$$\begin{aligned}x(t)=&\frac{x_0+g(x)}{\Gamma(\beta(1-\gamma)+\gamma)}t^{\nu-1}+h(t,x(t))\\&+\frac{1}{\Gamma(\gamma)}\int_0^t(t-s)^{\gamma-1}[Ax(s)+f(s,x(s))]\mathrm{d}s,\ t\in J'.\end{aligned}\tag{5.3}$$

证明: 我们可以参考文献 [9], 这里我们不再赘述.

为了给出定义方程 (5.2) 的适度解, 我们引入 Wright 函数 $M_\gamma(\theta)$ 定义如下

$$M_\gamma(\theta)=\sum_{n=1}^{\infty}\frac{(-\theta)^{n-1}}{(n-1)\Gamma(1-\mu n)},0<\mu<1,\ \ \theta\in\mathbb{C},$$

对于 $\theta\geq 0$, 它满足如下等式 $\displaystyle\int_0^\infty\theta^\tau M_\gamma(\theta)\mathrm{d}\theta=\frac{\Gamma(1+\tau)}{\Gamma(1+\gamma\tau)}$,

引理 5.2 如果积分方程 (5.3) 成立, 那么有

$$\begin{aligned}x(t)=&S_{\gamma,\beta}(t)[x_0+g(x)]+h(t,x(t))+\int_0^t T_\gamma(t-s)Ah(s,x(s))\mathrm{d}s\\&+\int_0^t T_\gamma(t-s)f(s,x(s))\mathrm{d}s,\ t\in J',\end{aligned}\tag{5.4}$$

其中 $T_\gamma(t)=t^{\gamma-1}P_\gamma(t),\ P_\gamma(t)=\displaystyle\int_0^\infty\gamma\theta M_\gamma(\theta)S(t^\gamma\theta)\mathrm{d}\theta$, 且 $S_{\gamma,\beta}(t)=I_{0^+}^{\beta(1-\gamma)}T_\gamma(t)$.

证明: 我们可以参考文献 [5] 和 [9], 此处略. □

引理 5.3 [5,8] 对任意的 $\gamma\in(0,1),\ \eta\in(0,1]$, 以及 $\forall\, x\in D(A)$ 存在一个正常数 C_η 使得

$$AP_\gamma(t)x=A^{1-\eta}P_\gamma(t)A^\eta x,\quad 0\leq t\leq b,$$

且

$$\|A^\eta P_\gamma(t)\|\leq\frac{\gamma C_\eta\Gamma(2-\eta)}{t^{\gamma\eta}\Gamma(1+\gamma(1-\eta))},\quad 0<t\leq b.$$

为了引入一些必需的命题, 我们需要下列假设:

(H_0) $S(t)$ 对于 $t \geq 0$, 在一致算子拓扑意义上是连续的, 且 $t \geq 0$, $\{S(t)\}_{t\geq 0}$ 是一致有界的, 即, 存在 $M > 1$ 使得 $\sup_{t\in[0,+\infty)} |S(t)| < M$.

命题 5.1 [9]　在假设 (H_0) 之下, $P_\gamma(t)$ 对于 $t \geq 0$, 在一致算子拓扑意义上是连续的.

命题 5.2 [9]　在假设 (H_0) 之下, 对任意固定的 $t > 0$, $\{T_\gamma(t)\}_{t>0}$ 和 $\{S_{\gamma,\beta}(t)\}_{t>0}$ 是有界算子, 对任意固定的 $x \in X$,

$$\|T_\gamma(t)x\| \leq \frac{Mt^{\gamma-1}}{\Gamma(\gamma)}\|x\|,\ \ \|S_{\gamma,\beta}(t)x\| \leq \frac{Mt^{\nu-1}}{\Gamma(\beta(1-\gamma)+\gamma)}\|x\|.$$

命题 5.3 [9]　在假设 (H_0) 之下, $\{T_\gamma(t)\}_{t>0}$ 和 $\{S_{\gamma,\beta}(t)\}_{t>0}$ 是强连续的, 也就是说对任意的 $x \in X$ 和 $0 < t^{'} < t^{''} \leq b$, 且当 $t^{''} \to t^{'}$ 时, 有

$$\|T_\gamma(t^{'})x - T_\gamma(t^{''})x\| \to 0,\ \|S_{\gamma,\beta}(t^{'})x - S_{\gamma,\beta}(t^{''})x\| \to 0.$$

5.3　适度解的存在唯一性

在本节中, 我们建立了系统 (5.2) 的适度解的存在性定理.

我们假定 $0 \in \rho(A)$, 其中 $\rho(A)$ 是算子 A 的预解集, 则对于 $0 < \eta \leq 1$, 我们可以在 $D(A^\eta)$ 上定义一个闭有界分数幂算子 A^η. (见文献 [5]).

定义 5.1　所谓系统 (5.2) 的适度解, 我们指的是一个函数 $x \in C_{1-\nu}(J,\ X)$ 满足

$$\begin{aligned} x(t) = S_{\gamma,\beta}(t)[x_0 + g(x)] + h(t, x(t)) + \int_0^t T_\gamma(t-s)Ah(s, x(s))\mathrm{d}s \\ + \int_0^t T_\gamma(t-s)f(s, x(s))\mathrm{d}s,\ t \in J^{'}. \end{aligned} \tag{5.5}$$

因为 $T_\gamma(t) = t^{\gamma-1}P_\gamma(t)$, 则 (5.5) 等价于

$$\begin{aligned} x(t) = \ & S_{\gamma,\beta}(t)[x_0 + g(x)] + h(t, x(t)) + \int_0^t (t-s)^{\gamma-1}P_\gamma(t-s)Ah(s, x(s))\mathrm{d}s \\ & + \int_0^t (t-s)^{\gamma-1}P_\gamma(t-s)f(s, x(s))\mathrm{d}s,\ t \in J^{'}. \end{aligned} \tag{5.6}$$

在证明主要结论之前,我们引入如下假设:

(H_1) $S(t)$ 对每一个 $t>0$ 是一个紧算子;

(H_2) $h: J\times X\to X$ 是连续函数且存在正常数 $\eta\in(0,1)$ 使得 $h\in D(A^{\eta})$ 且对任意的 $z\in X, t\in J$, 函数 $A^{\eta}h(\cdot,z)$ 是强可测的;

(H_3) 存在正常数 M_h , $M_h^{'}$ 使得对任意的 $x,y\in X$, $A^{\eta}h(t,\cdot)$ 满足

$$\|A^{\eta}h(t,x(t)))-A^{\eta}h(t,y(t))\|\leq M_h t^{1-\nu}\|x(t)-y(t)\|,$$

且

$$\|A^{\eta}h(t,x(t))\|\leq M_h^{'}(1+t^{1-\nu}\|x(t)\|);$$

(H_4) 对任意的 $t\in J$, 函数 $f(t,\cdot): X\to X$ 是连续的且对每一个 $x\in X$, 函数 $f(\cdot,x(\cdot)): J\to X$ 是强可测的;

(H_5) 存在一个函数 $\phi\in L^{\frac{1}{p}}(J\ ,\mathbb{R}^{+})$, $0<p<\gamma$ 和一个正常数 a 使得对任意的 $x\in X$, 且对所有的 $t\in J$,

$$\|f(t,x(t))\|\leq\phi(t)+at^{1-\nu}\|x(t)\|;$$

(H_6) 算子 $g: C_{1-\nu}(J;X)\to L(J;X)$ 是一个连续的紧映射, 且存在正常数 L 使得对任意的 $x_1,x_2\in C_{1-\nu}(J;X)$ 有 $\|g(x_1)-g(x_2)\|\leq L\|x_1-x_2\|_{\nu}$.

为了方便, 我们引入一些记号:

$\|A^{-\eta}\|=M_0$, $K(\gamma,\eta)=\dfrac{C_{1-\eta}\Gamma(1+\eta)}{\eta\Gamma(1+\gamma\eta)}$, $c=\dfrac{\gamma-1}{1-p_1}$, $\Xi=\dfrac{b^{(1+c)(1-p)}}{(1+c)^{1-p}}$, $p\in(0,\gamma)$, $\Theta=\dfrac{b^{(1+c)(1-p_1)}}{(1+c)^{1-p_1}}$, $p_1\in(0,\gamma)$.

另外, 我们令

$$\bar{M}_0=M_0b^{1-\nu}M_h+b^{1-\nu+\gamma\eta}K(\gamma,\eta)M_h,$$

$$M_1=\frac{ML}{\Gamma(\beta(1-\gamma)+\gamma)}+\frac{Mab^{1+\eta(\gamma-1)}}{\Gamma(\gamma+1)}+b^{1-\nu}M_0M_h^{'}+b^{1-\nu+\gamma\eta}K(\gamma,\eta)M_h^{'},\tag{5.7}$$

且

$$M_2=\frac{M[\|x_0\|+\|g(0)\|]}{\Gamma(\beta(1-\gamma)+\gamma)}+\frac{Mb^{1-\nu}}{\Gamma(\gamma)}\Xi\|\phi\|_{L^{\frac{1}{p}}}+b^{1-\nu}M_0M_h^{'}+b^{1-\nu+\gamma\eta}K(\gamma,\eta)M_h^{'}.\tag{5.8}$$

定义一个算子 F

$$(Fx)(t)=(F_1x)(t)+(F_2x)(t),\tag{5.9}$$

其中

$$(F_1x)(t) = S_{\gamma,\beta}(t)[x_0 + g(x)] + \int_0^t T_\gamma(t-s)f(s,x(s))\mathrm{d}s,\ t \in J^{'}, \tag{5.10}$$

且

$$(F_2x)(t) = h(t,x(t)) + \int_0^t T_\gamma(t-s)Ah(s,x(s))\mathrm{d}s,\ t \in J^{'}. \tag{5.11}$$

显然, x 是系统 (5.2) 的适度解当且仅当算子方程 $x = Fx = F_1x + F_2x$ 在 X 上有不动点.

下面利用 Darbo-Sadovskii's 不动点原理来给出系统 (5.2) 适度解的存在性定理.

定理 5.1　假设 $(\mathrm{H}_1) - (\mathrm{H}_6)$ 成立, 则系统 (5.2) 至少有一个适度解只要 $\bar{M}_0 < 1$.

证明:　令 $\tilde{B}_r = \{x \in C_{1-\nu}(J,X),\ \|x\|_\nu \le r,$ 其中 $r \ge \dfrac{M_2}{1-M_1}\}$, 则 $\tilde{B}_r$ 是 $C_{1-\nu}(J,X)$ 的一个有界闭凸子集. 证明将由下面 4 步给出.

第 1 步. F 映 $\tilde{B}_r$ 到 $\tilde{B}_r$.

对任意的 $x \in \tilde{B}_r$ 和 $t \in J^{'}$, 由条件 $(\mathrm{H}_2) - (\mathrm{H}_6)$, 利用命题 5.2 以及 Hölder 不等式, 我们得到

$$\begin{aligned}
\|Fx\|_\nu &= \sup_{t\in J^{'}} t^{1-\nu}\|Fx(t)\| \\
&\le \sup_{t\in J^{'}} t^{1-\nu}\|S_{\gamma,\beta}(t)[\|x_0\| + L\|x\|_\nu + \|g(0)\|]\| + \sup_{t\in J^{'}} t^{1-\nu}\|h(t,x(t))\| \\
&\quad + \sup_{t\in J^{'}} t^{1-\nu}\|\int_0^t T_\gamma(t-s)f(s,x(s))\mathrm{d}s\| \\
&\quad + \sup_{t\in J^{'}} t^{1-\nu}\|\int_0^t AT_\gamma(t-s)h(s,x(s))\mathrm{d}s\| \\
&\le \frac{M[\|x_0\| + L\|x\|_\nu + \|g(0)\|]}{\Gamma(\beta(1-\gamma)+\gamma)} + b^{1-\nu}\|A^{-\eta}A^{\eta}h(t,x(t))\| \\
&\quad + b^{1-\nu}\int_0^t (t-s)^{\gamma-1}P_\gamma(t-s)\|f(s,x(s))\|\mathrm{d}s \\
&\quad + b^{1-\nu}\int_0^t (t-s)^{\gamma-1}A^{1-\eta}P_\gamma(t-s)\|A^{\eta}h(s,x(s))\|\mathrm{d}s \\
&\le \frac{M[\|x_0\| + Lr + \|g(0)\|]}{\Gamma(\beta(1-\gamma)+\gamma)} + b^{1-\nu}M_0M_h^{'}(1+r) \\
&\quad + b^{1-\nu}\frac{M}{\Gamma(\gamma)}\frac{b^{(1+c)(1-p)}}{(1+c)^{1-p}}\|\phi\|_{L^{\frac{1}{p}}} + \frac{Marb^{1+\beta(\gamma-1)}}{\Gamma(\gamma+1)} \\
&\quad + b^{1-\nu+\gamma\eta}\frac{C_{1-\eta}\Gamma(1+\eta)}{\eta\Gamma(1+\gamma\eta)}M_h^{'}(1+r)
\end{aligned}$$

$$= \quad M_2 + M_1 r \le r.$$

因此, F 映 $\tilde{B}_r$ 到 $\tilde{B}_r$.

第 2 步. 算子 F_1 是一个全连续算子.

我们将证明分为 4 个断言.

断言 1. F_1 映 $\tilde{B}_r$ 的有界集到一致有界集.

对任意的 $x \in \tilde{B}_r$ 以及对每一个 $t \in J'$, 有

$$\begin{aligned}
&\|(F_1x)(t)\|_\nu \\
\le\ & \sup_{t\in J'} t^{1-\nu}\|S_{\gamma,\beta}(t)[\|x_0\| + \|g(x) - g(0)\| \\
&\quad + \|g(0)\|]\| + \sup_{t\in J'} t^{1-\nu}\|\int_0^t T_\gamma(t-s)f(s,x(s))\mathrm{d}s\| \\
\le\ & \sup_{t\in J'} t^{1-\nu}t^{\nu-1}\frac{M[\|x_0\| + L\|x\|_\nu + \|g(0)\|]}{\Gamma(\beta(1-\gamma)+\gamma)} \\
&\quad + \sup_{t\in J'} t^{1-\nu}\frac{M}{\Gamma(\gamma)}\int_0^t (t-s)^{\gamma-1}\|f(s,x(s))\|\mathrm{d}s \\
\le\ & \frac{M[\|x_0\| + Lr + \|g(0)\|]}{\Gamma(\beta(1-\gamma)+\gamma)} + \sup_{t\in J'} t^{1-\nu}\frac{M}{\Gamma(\gamma)}\int_0^t (t-s)^{\gamma-1}[\phi(s) + as^{1-\nu}\|x(s)\|]\mathrm{d}s \\
\le\ & \frac{M[\|x_0\| + Lr + \|g(0)\|]}{\Gamma(\beta(1-\gamma)+\gamma)} + b^{1-\nu}\frac{M}{\Gamma(\gamma)}\frac{b^{(1+c)(1-p)}}{(1+c)^{1-p}}\|\phi\|_{L^{\frac{1}{p}}} + \frac{Marb^{1+\beta(\gamma-1)}}{\Gamma(\gamma+1)}.
\end{aligned}$$

断言 2. F_1 在 $\tilde{B}_r$ 上是连续的.

当 $t \in J'$, 对每一个 $x^{(m)} \in \tilde{B}_r$, $m = 1, 2, \cdots$, 以及 $\lim\limits_{m\to+\infty} x^{(m)}(t) = x(t)k$

$$\begin{aligned}
&\|F_1x^{(m)} - F_1x\|_{C_{1-\nu}} \\
&\le \sup_{t\in J'} t^{1-\nu}\|g(x^{(m)}) - g(x) + \int_0^t (t-s)^{\gamma-1}P_\gamma(t-s)[f(s,x^{(m)}(s)) - f(s,x(s)]\mathrm{d}s\| \\
&\le b^{1-\nu}L\|x^{(m)} - x\|_\nu \\
&+ \sup_{t\in J'} t^{1-\nu}\int_0^t (t-s)^{\gamma-1}P_\gamma(t-s)\|[f(s,x^{(m)}(s)) - f(s,x(s)]\|\mathrm{d}s.
\end{aligned}$$

另外, 我们知道对每一个 $t \in J'$, $(t-s)^{\gamma-1}\|[f(s,x^{(m)}(s)) - f(s,x(s))]\| \le 2(t-s)^{\gamma-1}[\phi(s) + as^{1-\nu}\|x(s)\|] \le 2(t-s)^{\gamma-1}[\phi(s) + ar]$, 且对于 $s \in (0,t)$ 和 $t \in J'$, $2(t-s)^{\gamma-1}[\phi(s) + ar]$ 是可积的. 则根据 Lebesgue 控制收敛定理有

$$\int_0^t (t-s)^{\gamma-1}\|f(s,x^{(m)}(s)) - f(s,x(s))\|\mathrm{d}s \to 0,$$

当$m \to +\infty$时, 这意味着 F_1 在 $\tilde{B}_r$ 上是连续的.

断言 3. F_1 在 $\tilde{B}_r$ 上是等度连续的.

记$E = \{y \in C(J, X) : y(t) = t^{1-\nu}(F_1 x)(t), y(0) = y(0^+), x \in \tilde{B}_r\}$, 对于$t_1 = 0$, $0 < t_2 \leq b$, 当$t_2 \to t_1 = 0$ 时, 我们可以得到

$$
\begin{aligned}
&\|y(t_2) - y(0)\| \\
\leq\ &\|t_2^{1-\nu} S_{\gamma,\beta}(t_2)[x_0 + g(x)]\| \\
&+t_2^{1-\nu}\|\int_0^{t_2}(t_2 - s)^{\gamma-1} P_\gamma(t_2 - s) f(s, x(s))\mathrm{d}s\| \to 0.
\end{aligned}
$$

对于$0 < t_1 < t_2 \leq b$, 存在一个充分小的正常数$\varepsilon > 0$, 使得

$$
\begin{aligned}
&\|y(t_2) - y(t_1)\| \\
\leq\ &\|t_2^{1-\nu} S_{\gamma,\beta}(t_2)[x_0 + g(x)] - t_1^{1-\nu} S_{\gamma,\beta}(t_1)[x_0 + g(x)]\| \\
&+t_2^{1-\nu}\|\int_{t_1}^{t_2}(t_2 - s)^{\gamma-1} P_\gamma(t_2 - s) f(s, x(s))\mathrm{d}s\| \\
&+\|\int_0^{t_1}[t_2^{1-\nu}(t_2 - s)^{\gamma-1} - t_1^{1-\nu}(t_1 - s)^{\gamma-1}] P_\gamma(t_2 - s) f(s, x(s))\mathrm{d}s\| \\
&+t_1^{1-\nu}\|\int_0^{t_1}(t_1 - s)^{\gamma-1}[P_\gamma(t_2 - s) - P_\gamma(t_1 - s)] f(s, x(s))\mathrm{d}s\| \\
\leq\ &\frac{1}{\Gamma(\beta(1-\gamma))}\|\int_0^{t_2} t_2^{1-\nu}(t_2 - s)^{\beta(1-\gamma)-1} s^{\gamma-1} P_\gamma(s)[x_0 + g(x)]\mathrm{d}s \\
&-\int_0^{t_1} t_1^{1-\nu}(t_1 - s)^{\beta(1-\gamma)-1} s^{\gamma-1} P_\gamma(s)[x_0 + g(x)]\mathrm{d}s\| \\
&+t_2^{1-\nu}\|\int_{t_1}^{t_2}(t_2 - s)^{\gamma-1} P_\gamma(t_2 - s) f(s, x(s))\mathrm{d}s\| \\
&+\|\int_0^{t_1}[t_2^{1-\nu}(t_2 - s)^{\gamma-1} - t_1^{1-\nu}(t_1 - s)^{\gamma-1}] P_\gamma(t_2 - s) f(s, x(s))\mathrm{d}s\| \\
&+t_1^{1-\nu}\|\int_0^{t_1-\varepsilon}(t_1 - s)^{\gamma-1}[P_\gamma(t_2 - s) - P_\gamma(t_1 - s)] f(s, x(s))\mathrm{d}s\| \\
&+t_1^{1-\nu}\|\int_{t_1-\varepsilon}^{t_1}(t_1 - s)^{\gamma-1}[P_\gamma(t_2 - s) - P_\gamma(t_1 - s)] f(s, x(s))\mathrm{d}s\| \\
\leq\ &\frac{M}{\Gamma(\beta(1-\gamma))\Gamma(\gamma)}\|\int_{t_1}^{t_2} t_2^{1-\nu}(t_2 - s)^{\beta(1-\gamma)-1} s^{\gamma-1}[x_0 + g(x)]\mathrm{d}s\|
\end{aligned}
$$

$$
\begin{aligned}
&+t_2^{1-\nu}\frac{M}{\Gamma(\gamma)}\|\int_0^{t_1}[(t_2-s)^{\gamma-1}-(t_1-s)^{\gamma-1}]s^{\gamma-1}[x_0+g(x)]\mathrm{d}s\| \\
&+(t_2^{1-\nu}-t_1^{1-\nu})\frac{M}{\Gamma(\gamma)}\|\int_0^{t_1}(t_1-s)^{\gamma-1}s^{\gamma-1}[x_0+g(x)]\mathrm{d}s\| \\
&+\frac{Mb^{1-\nu}}{\Gamma(\gamma)}\frac{(t_2-t_1)^{(1+c)(1-p)}}{(1+c)^{1-p}}\|\phi\|_{L_{\frac{1}{p}}}+\frac{Mar(t_2-t_1)^{1+\beta(\gamma-1)}}{\Gamma(\gamma)} \\
&+\|\int_0^{t_1}[t_2^{1-\nu}(t_2-s)^{\gamma-1}-t_1^{1-\nu}(t_1-s)^{\gamma-1}]P_\gamma(t_2-s)f(s,x(s))\mathrm{d}s\| \\
&+t_1^{1-\nu}\frac{(t_1^{1+c}-\varepsilon^{1+c})^{1-p}}{(1+c)^{1-p}}[\|\phi\|_{L_{\frac{1}{p}}}+ar]\sup_{[0,t_1-\varepsilon]}\|P_\gamma(t_2-s)-P_\gamma(t_1-s)\| \\
&+t_1^{1-\nu}\frac{\varepsilon^{(1+c)(1-p)}}{(1+c)^{1-p}}\frac{2M}{\Gamma(\gamma)}[\|\phi\|_{L_{\frac{1}{p}}}+ar] \\
=\ &\sum_{i=1}^{8}I_i.
\end{aligned}
$$

其中

$$
\begin{aligned}
I_1 &= \frac{M}{\Gamma(\beta(1-\gamma))\Gamma(\gamma)}\|\int_{t_1}^{t_2}t_2^{1-\nu}(t_2-s)^{\beta(1-\gamma)-1}s^{\gamma-1}[x_0+g(x)]\mathrm{d}s\|, \\
I_2 &= t_2^{1-\nu}\frac{M}{\Gamma(\gamma)}\|\int_0^{t_1}[(t_2-s)^{\gamma-1}-(t_1-s)^{\gamma-1}]s^{\gamma-1}[x_0+g(x)]\mathrm{d}s\|, \\
I_3 &= (t_2^{1-\nu}-t_1^{1-\nu})\frac{M}{\Gamma(\gamma)}\|\int_0^{t_1}(t_1-s)^{\gamma-1}s^{\gamma-1}[x_0+g(x)]\mathrm{d}s\|, \\
I_4 &= \frac{Mb^{1-\nu}}{\Gamma(\gamma)}\frac{(t_2-t_1)^{(1+c)(1-p)}}{(1+c)^{1-p}}\|\phi\|_{L_{\frac{1}{p}}}, \\
I_5 &= \frac{Mar(t_2-t_1)^{1+\beta(\gamma-1)}}{\Gamma(\gamma)}, \\
I_6 &= \|\int_0^{t_1}[t_2^{1-\nu}(t_2-s)^{\gamma-1}-t_1^{1-\nu}(t_1-s)^{\gamma-1}]P_\gamma(t_2-s)f(s,x(s))\mathrm{d}s\|, \\
I_7 &= t_1^{1-\nu}\frac{(t_1^{1+c}-\varepsilon^{1+c})^{1-p}}{(1+c)^{1-p}}[\|\phi\|_{L_{\frac{1}{p}}}+ar]\sup_{[0,t_1-\varepsilon]}\|P_\gamma(t_2-s)-P_\gamma(t_1-s)\|, \\
I_8 &= t_1^{1-\nu}\frac{\varepsilon^{(1+c)(1-p)}}{(1+c)^{1-p}}\frac{2M}{\Gamma(\gamma)}[\|\phi\|_{L_{\frac{1}{p}}}+ar].
\end{aligned}
$$

根据Lebesgue积分的全连续性, 我们得知当$t_2-t_1\to 0^+$ 时,I_1 趋于零, 由于$[t_2-s)^{\gamma-1}-(t_1-s)^{\gamma-1}]s^{\gamma-1}\le 2(t_1-s)^{\gamma-1}s^{\gamma-1}$, 以及$\int_0^{t_1}2(t_1-s)^{\gamma-1}s^{\gamma-1}[x_0+g(x)]\mathrm{d}s$

存在, 那么根据 Lebesgue 控制收敛定理, 当 $t_2 - t_1 \to 0^+$ 时, 我们得到 I_2 趋于零. 用同样的方式, 当 $t_2 - t_1 \to 0^+$ 时, I_6 趋于零. 对于 I_3, 由于 $(t_2^{1-\nu} - t_1^{1-\nu}) \leq (t_2 - t_1)^{1-\nu}$, 且当 $t_2 - t_1 \to 0^+$, $(t_2 - t_1)^{1-\nu} \to 0$, 这表明当 $t_2 - t_1 \to 0^+$ 时, I_3 趋于零. 因为 $p \in (0,\gamma)$, $0 \leq \beta \leq 1$, $0 < \gamma < 1$ 且 $c = \dfrac{\gamma-1}{1-p}$, 容易得到 $(1+c)(1-p)$, $1+\beta(\gamma-1) > 0$, 那么能够推出当 $t_2 - t_1 \to 0^+$ 时, $I_4, I_5 \to 0$. 根据 $P_\gamma(t)$ 对 t 在一致算子拓扑意义上的连续性, 能够得到当 $t_2 - t_1 \to 0^+$ 时, $I_7, I_8 \to 0$. 因此上式的右半部分趋于零且不依赖于 $x \in \tilde{B}_r$. 根据 E 和 $F_1(\tilde{B}_r)$ 的关系, 易推出 F_1 在 $\tilde{B}_r$ 上是等度连续的.

断言 4. 对任意的 $t \in J'$, $V = \{F_1x(t), x \in \tilde{B}_r\}$ 在 X 中是相对紧的.

因为

$$
\begin{aligned}
&S_{\gamma,\beta}(t)[x_0 + g(x)] \\
&= I_{0^+}^{\beta(1-\gamma)} T_\gamma(t)[x_0 + g(x)] = \frac{1}{\Gamma(\beta(1-\gamma))}\int_0^t (t-s)^{\beta(1-\gamma)-1} T_\gamma(s)[x_0 + g(x)]\mathrm{d}s \\
&= \frac{1}{\Gamma(\beta(1-\gamma))}\int_0^t (t-s)^{\beta(1-\gamma)-1} s^{\gamma-1} P_\gamma(s)[x_0 + g(x)]\mathrm{d}s \\
&= \frac{1}{\Gamma(\beta(1-\gamma))}\int_0^t (t-s)^{\beta(1-\gamma)-1} s^{\gamma-1} \int_0^\infty \gamma\theta M_\gamma(\theta)[x_0 + g(x)]\mathrm{d}\theta\mathrm{d}s,
\end{aligned}
$$

则对 $\forall\, \lambda \in (0,t)$ 以及 $\forall\, \delta > 0$, 定义

$$
\begin{aligned}
&(F_1^{\lambda,\delta}x)(t) \\
&= \frac{1}{\Gamma(\beta(1-\gamma))}\int_0^{t-\lambda} (t-s)^{\beta(1-\gamma)-1} s^{\gamma-1} S(s^\gamma\theta) \int_\delta^\infty \gamma\theta M_\gamma(\theta)[x_0 + g(x)]\mathrm{d}\theta\mathrm{d}s \\
&+ S(\lambda^\gamma\theta)\int_0^{t-\lambda}\int_\delta^\infty \gamma\theta M_\gamma(\theta) S((t-s)^\gamma\theta - \lambda^\gamma\theta)(t-s)^{\gamma-1} f(s,x(s))\mathrm{d}\theta\mathrm{d}s.
\end{aligned}
$$

由 $S(\lambda^\gamma\theta)(\lambda^\gamma\theta > 0)$ 的紧性, 我们发现对 $\forall\, \lambda \in (0,t)$ 以及 $\forall\, \delta > 0$, 集合 $V^{\lambda,\delta}(t) = \{(F_1^{\lambda,\delta}x)(t),\ x \in \tilde{B}_r\}$ 在 X 中是相对紧的, 可以推出

$$
\begin{aligned}
&\|F_1x(t) - F_1^{\lambda,\delta}x(t)\|_\nu \\
\leq\ & \sup_{t\in J'} t^{1-\nu} \| \frac{1}{\Gamma(\beta(1-\gamma))}\int_0^t (t-s)^{\beta(1-\gamma)-1} s^{\gamma-1} S(s^\gamma\theta) \int_0^\delta \gamma\theta M_\gamma(\theta)[x_0 + g(x)]\mathrm{d}\theta\mathrm{d}s \\
&+ \frac{1}{\Gamma(\beta(1-\gamma))}\int_0^t (t-s)^{\beta(1-\gamma)-1} s^{\gamma-1} S(s^\gamma\theta) \int_\delta^\infty \gamma\theta M_\gamma(\theta)[x_0 + g(x)]\mathrm{d}\theta\mathrm{d}s \\
&- \frac{1}{\Gamma(\beta(1-\gamma))}\int_0^{t-\lambda} (t-s)^{\beta(1-\gamma)-1} s^{\gamma-1} S(s^\gamma\theta) \int_\delta^\infty \gamma\theta M_\gamma(\theta)[x_0 + g(x)]\mathrm{d}\theta\mathrm{d}s
\end{aligned}
$$

$$
\begin{aligned}
&+\int_0^t\int_0^\delta \gamma\theta(t-s)^{\gamma-1}M_\gamma(\theta)S((t-s)^\gamma\theta)f(s,x(s))\mathrm{d}\theta\mathrm{d}s\\
&+\int_0^t\int_\delta^\infty \gamma\theta(t-s)^{\gamma-1}M_\gamma(\theta)S((t-s)^\gamma\theta)f(s,x(s))\mathrm{d}\theta\mathrm{d}s\\
&-\int_0^{t-\lambda}\int_\delta^\infty \gamma\theta(t-s)^{\gamma-1}M_\gamma(\theta)S((t-s)^\gamma\theta)f(s,x(s))\mathrm{d}\theta\mathrm{d}s\|\\
\le\ & \sup_{t\in J'} t^{1-\nu}\frac{M}{\Gamma(\beta(1-\gamma))}\|\int_0^t (t-s)^{\beta(1-\gamma)-1}s^{\gamma-1}\int_0^\delta \gamma\theta M_\gamma(\theta)[x_0+g(x)]\mathrm{d}\theta\mathrm{d}s\|\\
&+\sup_{t\in J'} t^{1-\nu}\frac{M}{\Gamma(\beta(1-\gamma))}\|\int_{t-\lambda}^t (t-s)^{\beta(1-\gamma)-1}s^{\gamma-1}\int_\delta^\infty \gamma\theta M_\gamma(\theta)[x_0+g(x)]\mathrm{d}\theta\mathrm{d}s\|\\
&+\sup_{t\in J'} t^{1-\nu}\|\int_0^t\int_0^\delta \gamma\theta(t-s)^{\gamma-1}M_\gamma(\theta)S((t-s)^\gamma\theta)f(s,x(s))\mathrm{d}\theta\mathrm{d}s\|\\
&+\sup_{t\in J'} t^{1-\nu}\|\int_{t-\lambda}^t\int_\delta^\infty \gamma\theta(t-s)^{\gamma-1}M_\gamma(\theta)S((t-s)^\alpha\theta)f(s,x(s))\mathrm{d}\theta\mathrm{d}s\|\\
\le\ & \frac{M\gamma}{\Gamma(\beta(1-\gamma))}[\|x_0\|+Lr+\|g(0)\|]B(\beta(1-\gamma),\gamma)\int_0^\delta \theta M_\gamma(\theta)\mathrm{d}\theta\\
&+\frac{M\gamma}{\Gamma(\beta(1-\gamma))}\frac{1}{\Gamma(1+\gamma)}[\|x_0\|+Lr+\|g(0)\|]\int_{t-\lambda}^t (t-s)^{\beta(1-\gamma)-1}s^{\gamma-1}\mathrm{d}s\\
&\gamma b^{1-\nu}M[\frac{b^{(1+c)(1-p)}}{(1+c)^{1-p}}\|\phi\|_{L^{\frac{1}{p}}}+ar]\int_0^\delta \theta M_\gamma(\theta)\mathrm{d}\theta\\
&+\gamma b^{1-\nu}[\frac{\lambda^{(1+c)(1-p)}}{(1+c)^{1-p}}\|\phi\|_{L^{\frac{1}{p}}}+a\sup_{\lambda\in[0,t]}\lambda^{1-\nu}\|x(\lambda)\|]\frac{1}{\Gamma(1+\gamma)}\\
=\ & \sum_{i=1}^4 K_i.
\end{aligned}
$$

其中

$$
\begin{aligned}
K_1 &= \frac{M\gamma}{\Gamma(\beta(1-\gamma))}[\|x_0\|+Lr+\|g(0)\|]B(\beta(1-\gamma),\gamma)\int_0^\delta \theta M_\gamma(\theta)\mathrm{d}\theta,\\
K_2 &= \frac{M\gamma}{\Gamma(\beta(1-\gamma))}\frac{1}{\Gamma(1+\gamma)}[\|x_0\|+Lr+\|g(0)\|]\int_{t-\lambda}^t (t-s)^{\beta(1-\gamma)-1}s^{\gamma-1}\mathrm{d}s,\\
K_3 &= \gamma b^{1-\nu}M[\frac{b^{(1+c)(1-p)}}{(1+c)^{1-p}}\|\phi\|_{L^{\frac{1}{p}}}+ar]\int_0^\delta \theta M_\gamma(\theta)\mathrm{d}\theta,\\
K_4 &= \gamma b^{1-\nu}[\frac{\lambda^{(1+c)(1-p)}}{(1+c)^{1-p}}\|\phi\|_{L^{\frac{1}{p}}}+a\sup_{\lambda\in[0,t]}\lambda^{1-\nu}\|x(\lambda)\|]\frac{1}{\Gamma(1+\gamma)}.
\end{aligned}
$$

由Lebesgue 积分的全连续性, 我们得知, 当$\lambda,\delta\to 0^+$时, K_2 趋于零. 另外,

当$\lambda, \delta \to 0^+$时, 可以推出 K_i, $i = 1, 3, 4$ 趋于零. 其中我们利用了等式$\int_0^{\infty} \theta M_\gamma(\theta) \mathrm{d}\theta = \frac{1}{\Gamma(\gamma+1)}$, 存在相对紧的集合可以任意接近 $V(t), t > 0$. 因此集合 $V(t), t > 0$ 在 X 中也是相对紧的.

因此, 根据 Arzola-Ascoli 定理, $\{F_1 x, x \in \tilde{B}_r\}$ 在 X 中是相对紧的. 由断言 1)4, 可以得到 F_1 是一个全连续算子.

第 3 步. F 在 $\tilde{B}_r$ 上是连续的.

当 $t \in J'$ 时, 对每一个 $x^{(m)} \in \tilde{B}_r$, 其中 $m = 1, 2, \cdots$, 且满足 $\lim\limits_{m \to +\infty} x^{(m)}(t) = x(t)$, 有

$$
\begin{aligned}
& \|Fx^{(m)} - Fx\|_\nu \\
\leq\ & \sup_{t \in J'} t^{1-\nu} \|g(x^{(m)}) - g(x)\| + \sup_{t \in J'} t^{1-\nu} \|h(t, x^{(m)}(t)) - h(t, x(t))\| \\
& + \sup_{t \in J'} t^{1-\nu} \int_0^t (t-s)^{\gamma-1} P_\gamma(t-s) \|(f(s, x^{(m)}(s)) - f(s, x(s))\| \mathrm{d}s \\
& + \sup_{t \in J'} t^{1-\nu} \int_0^t (t-s)^{\gamma-1} A P_\gamma(t-s) \|(h(s, x^{(m)}(s)) - h(s, x(s))\| \mathrm{d}s \\
\leq\ & \sup_{t \in J'} t^{1-\nu} L \|x^{(m)} - x\|_\nu \\
& + M_0 M_h \sup_{t \in J'} t^{1-\nu} t^{1-\nu} \|x^{(m)}(t) - x(t)\| \\
& + \sup_{t \in J'} t^{1-\nu} \int_0^t (t-s)^{\gamma-1} P_\gamma(t-s) \|(f(s, x^{(m)}(s)) - f(s, x(s))\| \mathrm{d}s \\
& + \sup_{t \in J'} t^{1-\nu} M_h \int_0^t (t-s)^{\gamma-1} A^{1-\eta} P_\gamma(t-s) s^{\gamma-1} \|x^{(m)}(s) - x(s)\| \mathrm{d}s \\
\leq\ & b^{1-\nu} L \|x^{(m)} - x\|_\nu + b^{1-\nu} M_0 M_h \|x^{(m)} - x\|_\nu \\
& + \frac{M b^{1-\nu}}{\Gamma(\gamma)} \int_0^t (t-s)^{\gamma-1} \|(f(s, x^{(m)}(s)) - f(s, x(s))\| \mathrm{d}s \\
& + b^{1-\nu+\gamma\eta} K(\gamma, \eta) M_h \|x^{(m)} - x\|_\nu .
\end{aligned}
$$

另外, 我们知道对每一个 $t \in J'$, $(t-s)^{\gamma-1}\|[f(s, x^{(m)}(s)) - f(s, x(s))]\| \leq 2(t-s)^{\gamma-1}[\phi(s) + a s^{1-\nu}\|x(s)\|] \leq 2(t-s)^{\gamma-1}[\phi(s) + ar]$, 并且对于 $s \in (0, t)$ 和 $t \in J'$, $2(t-s)^{\gamma-1}[\phi(s) + ar]$ 是可积的. 则根据 Lebesgue 控制收敛定理, 当 $m \to +\infty$ 时, 有

$$
\int_0^t (t-s)^{\gamma-1} \|f(s, x^{(m)}(s)) - f(s, x(s))\| \mathrm{d}s \to 0.
$$

这表明 F 在 $\tilde{B}_r$ 上是连续的.

第 4 步. F_2在 $\tilde{B}_r$ 上是压缩映射.

对任意的 $x,\ y \in \tilde{B}_r$, 有

$$\begin{aligned}
&\|F_2x - F_2y\|_\nu \\
&\leq \sup_{t\in J'} t^{1-\nu}\|A^{-\eta}\|\|A^\eta[h(t,x(t)) - h(t,y(t))]\| \\
&\quad + \sup_{t\in J'} t^{1-\nu}\|\int_0^t (t-s)^{\gamma-1}A^{1-\eta}P_\gamma(t-s)A^\eta[h(s,x(s)) - h(s,y(s))]\mathrm{d}s\| \\
&\leq \sup_{t\in J'} t^{1-\nu}M_0M_ht^{1-\nu}\|x(t) - y(t)\| \\
&\quad + \sup_{t\in J'} t^{1-\nu}\int_0^t (t-s)^{\gamma-1}A^{1-\eta}P_\gamma(t-s)M_hs^{\gamma-1}\|x(s) - y(s)\|\mathrm{d}s \\
&\leq M_0b^{1-\nu}M_h\|x-y\|_{C_{1-\nu}} + b^{1-\nu+\gamma\eta}K(\gamma,\eta)M_h\|x-y\|_\nu \\
&\leq [M_0b^{1-\nu} + b^{1-\nu+\gamma\eta}K(\gamma,\eta)]M_h\|x-y\|_\nu.
\end{aligned}$$

因此

$$\alpha(F_2\tilde{B}_r) \leq [M_0b^{1-\nu} + b^{1-\nu+\gamma\eta}K(\gamma,\eta)]M_h\alpha(\tilde{B}_r). \tag{5.12}$$

因为 $F_1(\tilde{B}_r)$ 在 X 中是相对紧的,则 $\alpha(F_1\tilde{B}_r) = 0$.从而得到

$$\begin{aligned}
\alpha(F\tilde{B}_r) &\leq \alpha(F_1\tilde{B}_r) + \alpha(F_2\tilde{B}_r) \\
&\leq \alpha(F_2B_r) \\
&\leq [M_0b^{1-\nu} + b^{1-\nu+\gamma\eta}K(\gamma,\eta)]M_h\alpha(\tilde{B}_r).
\end{aligned}$$

注意到 $[M_0b^{1-\nu}+b^{1-\nu+\eta\gamma}K(\gamma,\eta)]M_h < 1$, 我们推出在 $\tilde{B}_r$ 上, 算子 F 是一个 $\alpha-$压缩映射. 从而根据引理 1.7 知 F 在 $\tilde{B}_r$ 中至少有一个不动点. 因此系统 (5.2) 在 $\tilde{B}_r$ 中至少有一个适度解. □

接下来, 我们仍用 (5.9), (5.10) 以及 (5.11) 分别来定义 F, F_1 和 F_2.

我们现在利用 Krasnoselskii's 不动点原理来给出系统的第 2 个适度解存在性定理. 我们需要如下假设:

(H$_7$) 存在函数 $P(t) \in L^{\frac{1}{p_1}}(J), p_1 \in (0,\gamma)$ 和一个连续非降函数 $\Omega : [0,+\infty) \to (0,+\infty)$, 使得对任意的 $(t,x) \in J\times X$,有

$$\|f(t,x(t))\| \leq P(t)\cdot\Omega(t^{1-\nu}\|x(t)\|), \lim_{r\to+\infty}\inf\frac{\Omega(r)}{r}\mathrm{d}s = \Lambda < +\infty;$$

(H_8) 存在一个连续非降函数 $\Pi:[0,+\infty)\to(0,+\infty)$ 和一个常数 $r>0$, 使得对任意的 $t\in J,\ x,y\in X$, 有

$$\|A^\eta h(t,x(t))-A^\eta h(t,y(t))\|\le \bar{L}t^{1-\nu}\|x(t)-y(t)\|,$$

且

$$\|A^\eta h(t,x(t)))\|\le \bar{L}(1+\Pi(t^{1-\nu}\|x(t)\|)),\ \lim_{r\to+\infty}\inf\frac{\Pi(r)}{r}\mathrm{d}s=\Upsilon<+\infty.$$

定理 5.2　假设 (H_1), (H_2), (H_4) 以及 (H_6)—(H_8) 成立, 则系统 (5.2) 至少有一个适度解只要

(i) $b^{1-\gamma}L+b^{1-\gamma}M_0\bar{L}\Upsilon+b^{1-\nu+\gamma\eta}K(\gamma,\eta)\bar{L}\Upsilon+\dfrac{b^{1-\nu}M\Theta\|P\|_{\frac{1}{p_1}}}{\Gamma(\gamma)}\Lambda\le 1,$

(ii) $[M_0b^{1-\nu}+b^{1-\nu+\gamma\eta}K(\gamma,\eta)]\bar{L}<1.$

证明:　记 $\bar{B}_q=\{x\in C_{1-\nu}(J,X),\ \|x\|_\nu\le q\}$, 对任意的 $x\in\bar{B}_q$, 根据假设, 引理 5.3 以及 Hölder 不等式, 我们能够得到

$$\begin{aligned}&\int_0^t(t-s)^{\gamma-1}AP_\gamma(t-s)h(s,x(s))\mathrm{d}s\\&=\int_0^t(t-s)^{\gamma-1}A^{1-\eta}P_\gamma(t-s)^{\gamma-1}A^\eta h(s,x(s))\mathrm{d}s\\&\le b^{\gamma\eta}K(\gamma,\eta)\bar{L}(1+\Pi(s^{1-\nu}\|x(s)\|))\\&\le b^{\gamma\eta}K(\gamma,\eta)\bar{L}(1+\Pi(\|x\|_\nu)).\end{aligned}$$

现在由假设 (H_7), 可以推出

$$\begin{aligned}&\int_0^t(t-s)^{\gamma-1}P_\gamma(t-s)f(s,x(s))\mathrm{d}s\le\frac{M\Omega(s^{1-\nu}\|x(s)\|)}{\Gamma(\gamma)}\frac{b^{(1+c)(1-p_1)}}{(1+c)^{(1-p_1)}}\|P\|_{L^{\frac{1}{p_1}}}\\&\le\frac{M\Omega(s^{1-\nu}\|x(s)\|)\Theta}{\Gamma(\gamma)}\|P\|_{L^{\frac{1}{p_1}}}\le\frac{M\Omega(\|x\|_\nu)\Theta}{\Gamma(\gamma)}\|P\|_{L^{\frac{1}{p_1}}}.\end{aligned}$$

我们将证明分为 4 步.

第 1 步. 我们证明存在一个常数 $r>0$ 使得 $F(\bar{B}_r)\subset\bar{B}_r$.

事实上, 如果此断言不真, 则对正常数 r 存在 $x^{(r)}\in\bar{B}_r$ 使得 $F(x^{(r)})\notin\bar{B}_r$, 即

$$\begin{aligned}r&<\|F(x^{(r)})\|_\nu\\&=\sup_{t\in J'}t^{1-\nu}\|S_{\gamma,\beta}(t)[x_0+g(x^{(r)})]+h(t,x^{(r)}(t))\end{aligned}$$

$$
\begin{aligned}
&+\int_0^t (t-s)^{\gamma-1}P_\gamma(t-s)f(s,x^{(r)}(s))\mathrm{d}s\\
&+\int_0^t (t-s)^{\gamma-1}AP_\gamma(t-s)h(s,x^{(r)}(s))\mathrm{d}s\|\\
\le\ & \frac{M[\|x_0\|+L\|x^{(r)}\|_\nu+\|g(0)\|]}{\Gamma(\beta(1-\gamma)+\gamma)}+b^{1-\nu}\|A^{-\eta}\|\bar{L}(1+\Pi(\|x^{(r)}\|_{C_{1-\nu}}))\\
&+b^{1-\nu+\gamma\eta}K(\gamma,\eta)\bar{L}(1+\Pi(\|x^{(r)}\|_{C_{1-\nu}}))+\frac{b^{1-\nu}M\Omega(r)\Theta\|P\|_{L^{\frac{1}{p_1}}}}{\Gamma(\gamma)}\\
\le\ & \frac{M[\|x_0\|+Lr+\|g(0)\|]}{\Gamma(\beta(1-\gamma)+\gamma)}+b^{1-\nu}M_0\bar{L}(1+\Pi(r))+b^{1-\nu+\gamma\eta}K(\gamma,\eta)\bar{L}(1+\Pi(r))\\
&+\frac{b^{1-\nu}M\Omega(r)\Theta\|P\|_{L^{\frac{1}{p_1}}}}{\Gamma(\gamma)}.
\end{aligned}
$$

两边同除以 r 并且令 $r\to+\infty$, 我们得到

$$
b^{1-\nu}L+b^{1-\nu}M_0\bar{L}\Upsilon+b^{1-\nu+\gamma\eta}K(\gamma,\eta)\bar{L}\Upsilon+\frac{b^{1-\nu}M\Theta\|P\|_{\frac{1}{p_1}}}{\Gamma(\gamma)}\Lambda>1,
$$

这与定理 5.2 的条件 (i) 矛盾. 因而, 存在 r 使得 F 映 $\bar{B}_r$ 到自身.

第 2 步. 我们将表明 F 在 $\bar{B}_r$ 上是连续的.

证明与定理 5.1 的第 3 步类似. 此处略.

第 3 步. 接下来我们证明 F_2 在 $\bar{B}_r$ 上是一个压缩映射.

对任意的 $x,y\in\bar{B}_r$, 我们有

$$
\begin{aligned}
&\|F_2x-F_2y\|_{C_{1-\nu}}\\
&\le \sup_{t\in J'} t^{1-\nu}\|A^{-\eta}\|\|A^\eta[h(t,x(t))-h(t,y(t))]\|\\
&\quad+\sup_{t\in J'} t^{1-\nu}\|\int_0^t (t-s)^{\gamma-1}A^{1-\eta}P_\gamma(t-s)A^\eta[h(s,x(s))-h(s,y(s))]\mathrm{d}s\|\\
&\le M_0b^{1-\nu}L\|x-y\|_\nu+b^{1-\nu+\gamma\eta}K(\gamma,\eta)L\|x-y\|_\nu\\
&\le [M_0b^{1-\nu}+b^{1-\nu+\gamma\eta}K(\gamma,\eta)]L\|x-y\|_\nu.
\end{aligned}
$$

因为 $[M_0b^{1-\nu}+b^{1-\nu+\gamma\eta}K(\gamma,\eta)]L<1$, 因此 F_2 在 $\bar{B}_r$ 上是一个压缩映射.

第 4 步. 下来我们证明 F_1 是一个全连续算子.

我们将把证明分为 4 个断言.

断言 1. F_1 映 $C_{1-\nu}(J,X)$ 中的有界集到一致有界集.

我们只要证明存在一个正常数 Δ 使得对每一个 $x \in \bar{B}_r$, 有 $\|F_1x\|_{C_{1-\nu}} \le \Delta$. 事实上, 如果 $x \in \bar{B}_r$, 则对每一个 $t \in J'$, 我们有

$$(F_1x)(t) = S_{\gamma,\beta}(t)[x_0 + g(x)] + \int_0^t (t-s)^{\gamma-1}P_\gamma(t-s)f(s,x(s))\mathrm{d}s.$$

利用 Hölder 不等式可以得到

$$\begin{aligned}
&\|F_1x(t)\|_{C_{1-\nu}}\\
&\le \sup_{t\in J'} t^{1-\nu}\|S_{\gamma,\beta}(t)\|x_0 + g(x)\|\\
&\quad + \sup_{t\in J'} t^{1-\nu}\|\int_0^t (t-s)^{\gamma-1}P_\gamma(t-s)f(s,x(s))\mathrm{d}s\|\\
&\le \frac{M}{\Gamma(\beta(1-\gamma)+\gamma)}[\|x_0\| + Lr + \|g(0)\|] + \frac{b^{1-\nu}M\Omega(r)\Theta\|P\|_{L^{\frac{1}{p_1}}}}{\Gamma(\gamma)}\\
&:= \Delta.
\end{aligned}$$

因此对每一个 $x \in \bar{B}_r$, 我们有 $\|F_2x\|_\nu \le \Delta$.

断言 2. F_1 在 $\bar{B}_r$ 上是连续的.

证明与定理 5.1 中第 2 步的断言 2 类似. 此处略.

断言 3. F_1 在 $\bar{B}_r$ 上是等度连续的.

证明与定理 5.1 中第 2 步的断言 3 类似. 此处略.

断言 4. $V(t) = \{(F_1x)(t),\ x \in \bar{B}_r\}$ 在 X 中是相对紧的.

令 $0 < t \le b$ 固定, 对 $\forall\, \lambda \in (0,t)$ 以及 $\forall\, \delta > 0$, 我们仍然像定理 5.1 定义 $F_1^{\lambda,\delta}x$.

根据 $S(\lambda^\gamma\theta)$, $\lambda^\gamma\theta > 0$ 的紧性, 我们得到对 $\forall\, \lambda \in (0,t)$ 以及 $\forall\, \delta > 0$, 集合 $V^{\varepsilon,\delta}(t) = \{(F_1^{\lambda,\delta}x)(t), x \in \bar{B}_r\}$ 在 X 中是相对紧的.

另外, 对每一个 $x \in \bar{B}_r$, 我们有

$$\begin{aligned}
&\|F_1x(t) - F_1^{\lambda,\delta}x(t)\|_\nu\\
\le\ & \sup_{t\in J'} t^{1-\nu}\|\frac{1}{\Gamma(\beta(1-\gamma))}\int_0^t (t-s)^{\beta(1-\gamma)-1}s^{\gamma-1}S(s^\gamma\theta)\int_0^\delta \gamma\theta M_\gamma(\theta)[x_0+g(x)]\mathrm{d}\theta\mathrm{d}s\\
&+\frac{1}{\Gamma(\beta(1-\gamma))}\int_0^t (t-s)^{\beta(1-\gamma)-1}s^{\gamma-1}S(s^\gamma\theta)\int_\delta^\infty \gamma\theta M_\gamma(\theta)[x_0+g(x)]\mathrm{d}\theta\mathrm{d}s\\
&-\frac{1}{\Gamma(\beta(1-\gamma))}\int_0^{t-\lambda} (t-s)^{\beta(1-\gamma)-1}s^{\gamma-1}S(s^\gamma\theta)\int_\delta^\infty \gamma\theta M_\gamma(\theta)[x_0+g(x)]\mathrm{d}\theta\mathrm{d}s\\
&+\int_0^t\int_0^\delta \gamma\theta(t-s)^{\gamma-1}M_\gamma(\theta)S((t-s)^\gamma\theta)f(s,x(s))\mathrm{d}\theta\mathrm{d}s
\end{aligned}$$

$$
\begin{aligned}
&+\int_0^t\int_\delta^\infty \gamma\theta(t-s)^{\gamma-1}M_\gamma(\theta)S((t-s)^\gamma\theta)f(s,x(s))\mathrm{d}\theta\mathrm{d}s \\
&-\int_0^{t-\lambda}\int_\delta^\infty \gamma\theta(t-s)^{\gamma-1}M_\gamma(\theta)S((t-s)^\gamma\theta)f(s,x(s))\mathrm{d}\theta\mathrm{d}s\| \\
\le\ & \sup_{t\in J'} t^{1-\nu}\frac{M}{\Gamma(\beta(1-\gamma))}\|\int_0^t(t-s)^{\beta(1-\gamma)-1}s^{\gamma-1}\int_0^\delta\gamma\theta M_\gamma(\theta)[x_0+g(x)]\mathrm{d}\theta\mathrm{d}s\| \\
&+\sup_{t\in J'} t^{1-\nu}\frac{M}{\Gamma(\beta(1-\gamma))}\|\int_{t-\lambda}^t(t-s)^{\beta(1-\gamma)-1}s^{\gamma-1}\int_\delta^\infty\gamma\theta M_\gamma(\theta)[x_0+g(x)]\mathrm{d}\theta\mathrm{d}s\| \\
&+\sup_{t\in J'} t^{1-\nu}\|\int_0^t\int_0^\delta \gamma\theta(t-s)^{\gamma-1}M_\gamma(\theta)S((t-s)^\gamma\theta)f(s,x(s))\mathrm{d}\theta\mathrm{d}s\| \\
&+\sup_{t\in J'} t^{1-\nu}\|\int_{t-\lambda}^t\int_\delta^\infty \gamma\theta(t-s)^{\gamma-1}M_\gamma(\theta)S((t-s)^\alpha\theta)f(s,x(s))\mathrm{d}\theta\mathrm{d}s\| \\
\le\ & \frac{M\gamma}{\Gamma(\beta(1-\gamma))}[\|x_0\|+Lr+\|g(0)\|]B(\beta(1-\gamma),\gamma)\int_0^\delta\theta M_\gamma(\theta)\mathrm{d}\theta \\
&+\frac{M\gamma}{\Gamma(\beta(1-\gamma))}\frac{1}{\Gamma(1+\gamma)}[\|x_0\|+Lr+\|g(0)\|]\int_{t-\lambda}^t(t-s)^{\beta(1-\gamma)-1}s^{\gamma-1}\mathrm{d}s \\
&\gamma b^{1-\nu}M\frac{b^{(1+c)(1-p_1)}}{(1+c)^{1-p_1}}\Omega(r)\|P\|_{L^{\frac{1}{p_1}}}\int_0^\delta\theta M_\gamma(\theta)\mathrm{d}\theta \\
&+\gamma b^{1-\nu}\frac{\lambda^{(1+c)(1-p_1)}}{(1+c)^{1-p_1}}\|P\|_{L^{\frac{1}{p_1}}}\Omega(r)\frac{1}{\Gamma(1+\gamma)} \\
=\ & \sum_{i=1}^4 L_i.
\end{aligned}
$$

其中

$$
\begin{aligned}
L_1 &= \frac{M\gamma}{\Gamma(\beta(1-\gamma))}[\|x_0\|+Lr+\|g(0)\|]B(\beta(1-\gamma),\gamma)\int_0^\delta\theta M_\gamma(\theta)\mathrm{d}\theta, \\
L_2 &= \frac{M\gamma}{\Gamma(\beta(1-\gamma))}\frac{1}{\Gamma(1+\gamma)}[\|x_0\|+Lr+\|g(0)\|]\int_{t-\lambda}^t(t-s)^{\beta(1-\gamma)-1}s^{\gamma-1}\mathrm{d}s, \\
L_3 &= \gamma b^{1-\nu}M\frac{b^{(1+c)(1-p_1)}}{(1+c)^{1-p_1}}\Omega(r)\|P\|_{L^{\frac{1}{p_1}}}\int_0^\delta\theta M_\gamma(\theta)\mathrm{d}\theta, \\
L_4 &= \gamma b^{1-\nu}\frac{\lambda^{(1+c)(1-p_1)}}{(1+c)^{1-p_1}}\|P\|_{L^{\frac{1}{p_1}}}\Omega(r)\frac{1}{\Gamma(1+\gamma)}.
\end{aligned}
$$

其中我们用了等式

$$
\int_0^\infty\theta^\tau M_\gamma(\theta)d\theta=\frac{\Gamma(1+\tau)}{\Gamma(1+\gamma\tau)},\quad \tau\in[0,1].
$$

当$\lambda,\delta\to 0^+$, 不等式的右边趋于零. 所以我们得到当$\lambda,\delta\to 0^+$时, $\|(F_1x)(t)-(F_1x)^{\lambda,\delta}(t)\|_\nu\to 0^+$. 由于存在相对紧的集合可以任意逼近集合$V(t)=\{(F_1x)(t),\ x\in\bar{B}_r\}$, 那么$V(t)=\{(F_1x)(t),x\in\bar{B}_r\}$在$X$中是相对紧的, 因此, 根据Arzola-Ascoli定理, $\{(F_1x),x\in\bar{B}_r\}$在X中是相对紧的.

由断言1－4, 我们知道F_1是一个全连续算子. 因为F_2是一个压缩映射, 则根据Krasnoselskii's不动点原理, 算子方程$Fx=F_1x+F_2x$在$\bar{B}_r$上是系统(5.2)的一个适度解. 证毕. □

当相关C_0-半群非紧时, 为了建立适度解的存在性结果, 我们需要作如下假设:

(H_9) 存在一个常数$\hat{L}>0$, 使得对任意的$D\subset\tilde{B}_r$, 有

$$\alpha(f(t,D(t))\leq\hat{L}\alpha(t^{1-\nu}D(t)),$$

其中$\tilde{B}_r$如定理5.1中定义.

接下来, 在半群$\{S(t)\}_{t\geq 0}$是非紧的情形下, 我们给出系统(5.2) 的第3个适度解的存在性定理.

定理5.3 假设(H_0), (H_2)－(H_6), (H_9)成立, 则系统(5.2)至少有一个适度解只要$\bar{M}_0<1$.

证明: 记$B_q=\{v\in C(J',X):\|v\|_{C(J',X)}\leq q\}$, $\tilde{B}_q=\{x\in C_{1-\nu}(J,X):\|x\|_\nu\leq q$其中$q\geq\dfrac{M_2}{1-M_1}\}$, 常数$M_1,M_2$仍然由式子(5.7), (5.8)定义. 对任意的$x\in\tilde{B}_q$, $v(t)=t^{1-\nu}x(t)$, 容易发现$v\in B_q$当且仅当$x\in C_{1-\nu}(J,X)$. 令

$$\Pi=\{\mathcal{F}_1v:\mathcal{F}_1v(t)=t^{1-\nu}(F_1x)(t),x\in\tilde{B}_q\}.$$

根据命题1.2以及定理5.1的断言1－2,我们发现$\mathcal{F}_1(B_q)\subseteq B_q$且$\mathcal{F}_1(B_q)$是等度连续的. 令$B=\bar{co}\mathcal{F}_1(B_q)$为一个有界闭凸集. 根据命题1.2, 我们知道$\bar{co}\mathcal{F}_1(B_q)$也是等度连续的. 因为$B=\bar{co}\mathcal{F}_1(B_q)\subseteq B_q$, 所以$\mathcal{F}_1(B)\subseteq B$. 通过类似于文献[14]中定理3.1的阐述, 容易得到$\mathcal{F}_1:B\to B$是连续的. 对任意有界子集$B_0\subseteq B$, 令$\mathcal{F}_1^1(B_0)=\mathcal{F}_1(B_0)$, $\mathcal{F}_1^n(B_0)=\mathcal{F}_1(\bar{co}(\mathcal{F}^{n-1}(B_0)))$, $n=2,3,\cdots$.

因为g是一个紧映射, 则对任意的$x\in C_{1-\nu}(J,X)$有$\alpha(g(x))=0$. 另外, 由引理1.14我们知道, 对任意的$\varepsilon>0$, 存在一个序列$\{v^{(n)}\}_{n=1}^\infty\subseteq B_0$使得

$$\begin{aligned}&\alpha((\mathcal{F}_1^1B_0)(t))\\ \leq\ &2\alpha(\{(\mathcal{F}_1v^{(n)}(t)\}_{n=1}^\infty)+\varepsilon\end{aligned}$$

$$\begin{aligned}
&\leq 2\alpha(\frac{M[x_0+g(x)]}{\Gamma(\beta(1-\gamma)+\gamma)} \\
&\quad +t^{1-\nu}\int_0^t T_\gamma(t-s)f(s,\{x^{(n)}(s)\}_{n=1}^{\infty})\mathrm{d}s)+\varepsilon \\
&\leq 4\frac{Mb^{1-\nu}\hat{L}}{\Gamma(\gamma)}\int_0^t (t-s)^{\gamma-1}\alpha(s^{1-\nu}\{x^{(n)}(s)\}_{n=1}^{\infty})\mathrm{d}s+\varepsilon \\
&\leq 4\frac{Mb^{1-\nu}\hat{L}}{\Gamma(\gamma)}\int_0^t (t-s)^{\gamma-1}\alpha(\{v^{(n)}(s)\}_{n=1}^{\infty})\mathrm{d}s+\varepsilon \\
&\leq 4\frac{Mb^{1-\nu}t^{\gamma}\hat{L}}{\Gamma(1+\gamma)}\alpha(B_0)+\varepsilon.
\end{aligned}$$

由于 $\varepsilon>0$ 是任意的, 我们有

$$\alpha((\mathcal{F}_1^1 B_0)(t)) \leq \frac{4Mb^{1-\nu}\hat{L}\alpha(B_0)t^{\gamma}}{\Gamma(\gamma+1)}.$$

对任意的 $\varepsilon>0$, 我们可以找到一个序列 $\{y^{(n)}\}_{n=1}^{\infty}\subset \bar{co}(\mathcal{F}^1(B_0))$, 使得

$$\begin{aligned}
\alpha((\mathcal{F}_1^2 B_0)(t)) &\leq 2\alpha(\{(\mathcal{F}_1 y^{(n)})(t)\}_{n=1}^{\infty})+\varepsilon. \\
&\leq 2\alpha(\frac{M[x_0+g(x)]}{\Gamma(\beta(1-\gamma)+\gamma)} \\
&\quad +t^{1-\nu}\int_0^t (t-s)^{\gamma-1}P_\gamma(t-s)f(s,\{v^{(n)}(s)\}_{n=1}^{\infty})\mathrm{d}s)+\varepsilon \\
&\leq 4\frac{Mb^{1-\nu}\hat{L}}{\Gamma(\gamma)}\int_0^t (t-s)^{\gamma-1}\alpha(f(s,\{v^{(n)}(s)\}_{n=1}^{\infty}))\mathrm{d}s+\varepsilon \\
&\leq 4\frac{Mb^{1-\nu}\hat{L}}{\Gamma(\gamma)}\int_0^t (t-s)^{\gamma-1}\alpha(s^{1-\nu}\{v^{(n)}(s)\}_{n=1}^{\infty})\mathrm{d}s+\varepsilon \\
&= 4\frac{Mb^{1-\nu}\hat{L}}{\Gamma(\gamma)}\int_0^t (t-s)^{\gamma-1}\alpha(y^{(n)}(s)\}_{n=1}^{\infty})\mathrm{d}s+\varepsilon \\
&\leq 4\frac{Mb^{1-\nu}\hat{L}}{\Gamma(\gamma)}\int_0^t (t-s)^{\gamma-1}\alpha((\mathcal{F}_1^1 B_0)(s))\mathrm{d}s+\varepsilon \\
&\leq 4\frac{Mb^{1-\nu}\hat{L}}{\Gamma(\gamma)}\int_0^t (t-s)^{\gamma-1}\frac{4Mb^{1-\nu}s^{\gamma}\hat{L}\alpha(B_0)}{\Gamma(\gamma+1)}\mathrm{d}s+\varepsilon \\
&\leq \frac{(4Mb^{1-\nu}\hat{L}t^{\gamma})^2}{\Gamma(2\gamma+1)}\alpha(B_0)+\varepsilon.
\end{aligned}$$

由于 $\varepsilon>0$ 是任意的, 我们有

$$\alpha((\mathcal{F}_1^2 B_0)(t))\leq \frac{(4Mb^{1-\nu}\hat{L}t^{\gamma})^2}{\Gamma(2\gamma+1)}\alpha(B_0).$$

通过数学归纳法可以得到

$$\begin{aligned}\alpha((\mathcal{F}_1^n B_0)(t)) &\leq \frac{(4Mb^{1-\nu}\hat{L}t^{\gamma})^n}{\Gamma(n\gamma+1)}\alpha(B_0)\\ &\leq \frac{(4Mb^{1-\nu}\hat{L}b^{\gamma})^n}{\Gamma(n\gamma+1)}\alpha(B_0) \leq \frac{(4Mb^{1-\beta+\beta\gamma}\hat{L})^n}{\Gamma(n\gamma+1)}\alpha(B_0).\end{aligned}$$

由著名的 Stirling 公式, 可知存在一个常数 $\zeta \in (0,1)$ 使得

$$\Gamma(n\gamma+1) = \sqrt{2\pi n\gamma}(\frac{n\gamma}{e})^{n\gamma}e^{\frac{1}{12n\gamma+\zeta}},\ 0<\zeta<1.$$

从而有

$$\lim_{n\to+\infty}\frac{(4M\hat{L}b^{(1-\beta+\beta\gamma)})^n}{\Gamma(n\gamma+1)} = \lim_{n\to+\infty}\frac{(4M\hat{L}b^{(1-\beta+\beta\gamma)})^n}{\sqrt{2\pi n\gamma}(\frac{n\gamma}{e})^{n\gamma}e^{\frac{1}{12n\gamma+\zeta}}} = 0.$$

则存在一个常数 $\upsilon \in (0,1)$ 使得

$$\alpha(\mathcal{F}_1^n B_0)(t) \leq \upsilon\alpha(B_0).$$

显然有 $\mathcal{F}_1^n B_0 \subseteq B_0$. 由于 B 是有界的且等度连续的, 则 $\mathcal{F}_1^n B$ 也是有界且等度连续的.

由引理 1.11, 得到

$$\alpha(\mathcal{F}_1^n(B_0)) = \max_{t\in J}\alpha((\mathcal{F}_1^n B_0)(t)) \leq \upsilon\alpha(B_0).$$

同时, 由引理 1.12, 存在一个集合 $\bar{D} \subset B \subset B_q$ 使得

$$\alpha(\mathcal{F}_1\bar{D}) = 0.$$

记 $\bar{E} = \{x \in C_{1-\nu}(J,X) : x(t) = t^{\nu-1}y(t), y(t) \in \bar{D}\}$. 对任意的 $x \in \bar{E}$, 有 $\|x\|_\nu = \|y\|$, 这意味着 $\bar{E} \subseteq \tilde{B}_q$. 因为 $\mathcal{F}_1(\bar{D})$ 是相对紧的, 我们很容易得到 $F_1(\bar{E})$ 也是相对紧的, 从而有 $\alpha(F_1(\bar{E})) = 0$. 另外, 由式 (5.11),可以得到

$$\alpha(F_2(\bar{E})) \leq [\|A^{-\eta}\|b^{1-\nu} + b^{1-\nu+\gamma\eta}\frac{C_{1-\eta}\Gamma(1+\eta)}{\eta\Gamma(1+\gamma\eta)}]M_h\alpha(\bar{E}).$$

因此

$$\alpha(F(\bar{E})) \leq \alpha(F_1(\bar{E})) + \alpha(F_2(\bar{E})) \leq [M_0b^{1-\nu} + b^{1-\nu+\gamma\eta}K(\gamma,\eta)]M_h\alpha(\bar{E}).$$

注意到 $[M_0b^{1-\nu} + b^{1-\nu+\gamma\eta}K(\gamma,\eta)]M_h < 1$, 算子 F 在 $\bar{E}$ 中是一个 $\alpha-$压缩映射. 从而由引理在 1.7 知 F 在 $\bar{E}$ 中至少有一个不动点. 也就是说 系统 (5.2) 在 $\bar{E}$ 中至少有一个不动点. 证毕. □

在给出系统的最后一个存在唯一性定理之前,我们先作如下假设:

(H_{10}) 对任意的 $x,y\in X,\ t\in J$, 存在 $\phi\in L^{\frac{1}{p}}(J,\mathbb{R}^+)$, 使得

$$\|f(t,x(t))-f(t,y(t))\|\le\phi(t)t^{1-\nu}\|x-y\|.$$

为了方便,令

$$M_3=b^{1-\nu}L+M_0b^{1-\nu}M_h+b^{1-\nu+\gamma\eta}K(\gamma,\eta)M_h+b^{1-\nu}\frac{M}{\Gamma(\gamma)}\Xi\|\phi\|_{L^{\frac{1}{p}}}.$$

下面基于压缩不动点原理,我们给出系统 (5.2) 的最后一个适度解存在唯一性定理.

定理 5.4 假设 (H_0), (H_2)—(H_6), (H_{10}) 成立, 则系统 (5.2) 在 $\tilde{B}_r$ 上有唯一的适度解只要 $M_3<1$, 其中 $\tilde{B}_r$ 如定理 5.1 定义.

证明: 由定理 5.1 的断言 1, 我们知道 F 映 $\tilde{B}_r$ 到自身. 此外, 还可以得出

$$\begin{aligned}
&\|Fx-Fy\|_\nu\\
\le\ &\sup_{t\in J'}t^{1-\nu}\|g(x)-g(y)\|+\|A^{-\eta}\|\sup_{t\in J'}t^{1-\nu}\|A^\eta[h(t,x(t))-h(t,y(t))]\|\\
&+\sup_{t\in J'}t^{1-\nu}\|A^{-\eta}\|\left\|\int_0^t(t-s)^{\gamma-1}P_\gamma(t-s)A^\eta[h(s,x(s))-h(s,y(s))]\mathrm{d}s\right\|\\
&+\sup_{t\in J'}t^{1-\nu}\left\|\int_0^t(t-s)^{\gamma-1}P_\gamma(t-s)f(s,x(s))-f(s,y(s))\mathrm{d}s\right\|\\
\le\ &[L+M_0M_h]b^{1-\nu}\sup_{t\in J'}t^{1-\nu}\|x(t)-y(t)\|\\
&+b^{1-\nu+\gamma\eta}\frac{C_{1-\eta}\Gamma(1+\eta\gamma)}{\eta\Gamma(\gamma+1)}M_h\sup_{s\in J'}s^{1-\nu}\|x(s)-y(s)\|\\
&+\frac{Mb^{1-\nu}}{\Gamma(\gamma)}\frac{b^{(1+a)(1-p)}}{(1+a)^{1-p}}\|\phi\|_{L^{\frac{1}{p}}}\sup_{s\in J'}s^{1-\nu}\|x(s)-y(s)\|\\
\le\ &[L+M_0M_h]b^{1-\nu}\sup_{t\in J'}t^{1-\nu}\|x(t)-y(t)\|\\
&+b^{1-\nu+\gamma\eta}\frac{C_{1-\eta}\Gamma(1+\eta\gamma)}{\eta\Gamma(\gamma+1)}M_h\sup_{s\in J'}s^{1-\nu}\|x(s)-y(s)\|\\
&+\frac{Mb^{1-\nu}}{\Gamma(\gamma)}\frac{b^{(1+c)(1-p)}}{(1+c)^{1-p}}\|\phi\|_{L^{\frac{1}{p}}}\sup_{s\in J'}s^{1-\nu}\|x(s)-y(s)\|\\
\le\ &\left[Lb^{1-\nu}+M_0M_hb^{1-\nu}+b^{1-\nu+\gamma\eta}K(\gamma,\eta)M_h+\frac{Mb^{1-\nu}}{\Gamma(\gamma)}\Xi\|\phi\|_{L^{\frac{1}{p}}}\right]\|x-y\|_\nu\\
\le\ &M_3\|x-y\|_\nu.
\end{aligned}$$

因为 $M_3 < 1$, 那么 F 是一个压缩映射. 因此系统 (5.2) 在 $\tilde{B}_r$ 上存在唯一的一个不动点. 证毕. □

5.4 本章结论

在本章中, 我们研究了一类导数大于 0 小于 1 的 Hilfer 分数阶发展方程适度解的存在唯一性定理. 当 C_0-半群是紧的, 通过利用 Darbo-Sadovskii's 不动点原理和 Krasnoselskii's 不动点原理, 我们得到了一些充分条件来保证系统(5.2) 适度解的存在性. 当 C_0-半群是非紧的, 通过利用非紧性测度和压缩映射原理, 我们也建立了充分条件来保证系统(5.2)适度解的存在性.

第6章　分数阶积分微分中立型方程的伪渐近周期解

6.1　研究背景及研究意义

在本章中, 我们研究分数阶积分微分中立型方程的p类伪S-渐近ω-周期适度解的存在唯一性. 我们用一个例子来说明我们得出的抽象结果的可行性.

在文献 [70] 中, Andrade 等分别由双曲半群和一致稳定半群建立了双曲发展方程的伪S- 渐近ω- 周期解的存在性和唯一性的充分条件, 同时在插值空间考虑了$PSAP_\omega$-适度解的存在性. Xia [95] 讨论了带有时滞的两项时间分数阶微分方程的伪周期解问题. Henríquez等 [111] 建立了充分条件来保证二阶抽象柯西问题的S-渐近ω-周期解的适度解的存在唯一性. 2014 年, Cuevas等 [103] 研究了伪S-渐近ω- 周期函数的定性性质. 同时他们讨论了如下系统的伪S-渐近ω-周期解的存在性问题. 系统形式如下

$$\begin{cases} \dfrac{\mathrm{d}}{\mathrm{d}t}v(t) = \displaystyle\int_0^t \frac{(t-s)^{\alpha-2}}{\Gamma(\alpha-1)} Av(s)\mathrm{d}s + f(t, v(t)), \quad t \geq 0, \\ v(0) = v_0 \in X, \end{cases} \tag{6.1}$$

其中$1 < \alpha < 2$, $A : D(A) \subseteq X \to X$ 是一个在复Banach $(X, \|\cdot\|)$ 空间的扇形类的线性稠算子. $f : [0, +\infty) \times X \to X$ 是一个给定的函数.

可是, 在过去的研究史中, 分数阶中立型微分方程的伪S-渐近ω-周期解问题很少被涉及. 基于这些事实, 在本章中, 我们主要研究下面系统的p类伪S-渐近ω-周期解的存在唯一性问题. 系统形式如下

$$\begin{cases} \dfrac{\mathrm{d}}{\mathrm{d}t}D(t, u_t) = \displaystyle\int_0^t \frac{(t-s)^{\alpha-2}}{\Gamma(\alpha-1)} AD(s, u_s)\mathrm{d}s + f(t, u_t), \quad t \geq 0, \\ u_0 = \varphi \in \mathcal{C}, \end{cases} \tag{6.2}$$

其中, $1 < \alpha < 2$, $D(t, \varphi) = \varphi(0) + g(t, \varphi)$, $A : D(A) \subseteq X \to X$ 是一个在复Banach $(X, \|\cdot\|)$ 空间的扇形类的线性稠算子, 对于$\theta \in [-r, 0]$, 时滞函数$u_t : [-r, 0] \to \mathcal{C} = C([-r, 0], X)$ 由$u_t(\theta) = u(t+\theta)$ 定义. f, g 是满足一些给定的附加条件的函数. 系统 (6.2) 中的卷积积分在Riemann-Liouville意义上理解.

本章结构如下. 在第二部分, 我们介绍了扇形算子和伪 S-渐近 ω-周期函数的定义和一些基本性质. 在第三部分, 在假设非线性项是 Lipschitz 的情况下, 我们获得了系统 (6.2) 的伪 S-渐近 ω- 周期适度解的存在唯一性的一般性结果. 最后, 在第四节中, 我们把所得理论应用到具体实例中, 这样对所得结果有更好的理解并且吸引更多学者研究这个课题.

6.2 预备知识

假设 a 是一个任意实数, $r > 0$. 令 $C_b([a,+\infty),X)$, $C_b([0,+\infty),\mathbb{R}^+)$ 和 $\mathcal{C} = C([-r,0],X)$ 分别代表从 $[a,+\infty)$ 到 X 的有界连续函数构成的空间, 其中范数定义是上确界范数 $\|\cdot\|_{C_b([a,+\infty),X)}$; 从 $[0,+\infty)$ 到正实数集 $\mathbb{R}^+$ 的所有有界连续函数构成的空间, 其中范数定义是上确界范数 $\|\cdot\|_{C_b([0,+\infty),\mathbb{R}^+)}$; 从 $[-r,0]$ 到 X 的所有连续函数构成的空间, 其中范数定义是上确界范数 $\|\cdot\|_{\mathcal{C}}$.

一个闭线性算子 A 称为是 μ 类的扇形算子如果存在 $0 < \theta < \frac{\pi}{2}, M > 0$ 和 $\mu \in \mathbb{R}$ 使得 A 的谱包含在扇形 $\mu + S_\theta = \{\mu + \lambda : \lambda \in \mathbb{C} \setminus \{0\}, |\arg(-\lambda)| < \theta\}$ 中, 且对所有的 $\lambda \notin \mu + S_\theta$, 那么有 $\|\lambda I - A\|^{-1} \le \dfrac{M}{|\lambda - \mu|}$ [30].

为了给出系统 (6.2) 的算子理论方法我们回忆如下定义.

定义 6.1 [103] 令 A 是一个闭线性算子, A 的定义域 $D(A)$ 在 Banach 空间 X 中. 我们称 A 是一个解算子的生成元如果存在 $\mu \in \mathbb{R}$ 以及一个强连续函数 $S_\alpha : \mathbb{R}^+ \to \mathcal{B}(X)$, 使得对所有的 $Re\lambda > \mu$, $x \in X$, $\{\lambda^\alpha : Re\lambda > \mu\} \subseteq \rho(A)$, 且 $\lambda^{\alpha-1}(\lambda^\alpha I - A)^{-1}x = \int_0^\infty e^{-\lambda t} S_\alpha(t)x\mathrm{d}t$. 在这种情形下, $S_\alpha(t)$ 称为由 A 生成的解算子且满足 $S_\alpha(0) = I$. 我们注意到幂函数 λ^α 由 $\lambda^\alpha = |\lambda^\alpha| e^{\alpha \mathrm{i} \arg(\lambda)}$ 唯一定义且 $-\pi < \arg(\lambda) < \pi$.

我们注意到如果 A 是一个 μ 类的扇形算子, 且 $0 < \theta \le \pi(1 - \frac{\alpha}{2})$, 则 A是由 $S_\alpha(t) := \dfrac{1}{2\pi \mathrm{i}} \int_\gamma e^{\lambda t} \lambda^{\alpha-1}(\lambda^\alpha I - A)^{-1} \mathrm{d}\lambda, t > 0$, 给出的解算子的生成元. 其中 γ 是一个处于扇形 $\mu + \Sigma_\theta$ 外的合适的路径. 在 2007 年, Cuesta [74, 定理 1] 证明了如果 A 是一个 μ 类的扇形算子, 对于 $M > 0$ 和 $0 < \theta \le \pi(1 - \frac{\alpha}{2})$, 则存在 $C > 0$ 使得

$$\|S_\alpha(t)\| \le \frac{CM}{1 + |\mu| t^\alpha}, \quad t \ge 0. \tag{6.3}$$

注 6.1　在本章的余下部分, 我们总是假定 A 是一个角度为 θ 的 μ ($\mu < 0$) 类的扇形算子, 且满足 $0 < \theta \leq \pi(1 - \frac{\pi}{2})$, M 和 C 是上面介绍过的常数.

下面我们介绍伪 S-渐近 ω-周期函数的定义和一些引理.

定义 6.2 [94]　令 $p > 0$ 且 $u \in PSAP_\omega(X)$, 我们说 u 是 p 类伪 S- 渐近 ω-周期的, 如果

$$\lim_{T\to\infty} \frac{1}{T} \int_p^T \sup_{\tau\in[s-p,s]} \|u(\tau+\omega) - u(\tau)\|\mathrm{d}s = 0. \tag{6.4}$$

我们使用记号 $PSAP_{\omega,p}(X)$ 代表 $C_b([0,+\infty), X)$ 中的由所有的 p 类伪 S-渐近 ω-周期函数构成的子空间. 我们观察到 $PSAP_{\omega,p}(X)$ 在一致收敛范数意义下是 Banach 空间.

注 6.2 [95]　假设 $u \in C_b([0,+\infty), X)$, 那么 $u \in PSAP_{\omega,p}(X)$ 当且仅当对 $\forall\, \varepsilon > 0$,

$$\lim_{T\to+\infty} \frac{1}{T}\mathrm{mes}(M_{T,\varepsilon}(u)) = 0,$$

其中 mes 代表 Lebesgue 测度且

$$M_{T,\varepsilon}(u) = \left\{ t \in [p, T] : \sup_{\tau\in[t-p,t]} \|u(\tau+\omega) - u(\tau)\| \geq \varepsilon \right\}.$$

引理 6.1 [95]　假设 $p \geq 0$, $p_1 > 0$, $p_2 > 0$, 则

(i) $PSAP_{\omega,p}(X) \subseteq PSAP_\omega(X)$.

(ii) $PSAP_{\omega,p}(X)$ 是 $C_b([0,+\infty), X)$ 中的一个闭子空间.

(iii) $PSAP_{\omega,p_1}(X) = PSAP_{\omega,p_2}(X)$.

引理 6.2　空间 $PSAP_{\omega,p}(X)$ 是平移不变的.

证明:　令 $u \in PSAP_{\omega,p}(X)$. 对于 $s \in \mathbb{R}^+$, 我们由估计

$$\begin{aligned}
&\frac{1}{t}\int_p^t \sup_{\rho\in[\xi-p,\xi]} \|u(\rho+\omega+s) - u(\rho+s)\|\mathrm{d}\xi \\
&= (1+\frac{s}{t})\left(\frac{1}{t+s}\int_{p+s}^{t+s} \sup_{\rho\in[\xi-p,\xi]} \|u(\rho+\omega) - u(\rho)\|\mathrm{d}\xi\right) \\
&\leq (1+\frac{s}{t})\left(\frac{1}{t+s}\int_{p}^{t+s} \sup_{\rho\in[\xi-p,\xi]} \|u(\rho+\omega) - u(\rho)\|\mathrm{d}\xi\right).
\end{aligned}$$

从而推出函数 $\rho \to u(\rho+s)$ 属于 $PSAP_{\omega,p}(X)$. □

定义 6.3 [94]　我们称函数 $F \in C([0,\infty) \times \mathcal{C}, X)$ 是一致 $(\mathcal{C}, X)$ p 类伪 S-渐近 ω-周

期的, 如果对所有的 $L>0$, 有

$$\lim_{T\to+\infty}\frac{1}{T}\int_p^T \sup_{\tau\in[s-p,s]}\sup_{\|x\|_{\mathcal{C}}\le L}\|F(\tau+\omega,x)-F(\tau,x)\|\mathrm{d}s=0. \tag{6.5}$$

我们用符号 $PSAP_{\omega,p}(\mathcal{C},X)$ 表示所有这类函数构成的集合.

引理 6.3 [94] 令 $u\in C_b([-r,+\infty),X)$ 并且假设 $u\mid_{[0,+\infty)}\in PSAP_{\omega,p}(X)$. 那么函数 $s\to u_s$ 属于 $PSAP_{\omega,p}(\mathcal{C})$.

引理 6.4 假设 $F\in PSAP_{\omega,p}(\mathcal{C},X)$ 且存在 $L_F\in C_b([0,+\infty),\mathbb{R}^+)$ 使得对所有的 $(t,\psi_i)\in[0,+\infty)\times\mathcal{C}$, 有 $\|F(t,\psi_1)-F(t,\psi_2)\le L_F(t)\|\psi_1-\psi_2\|_{\mathcal{C}}$. 如果 $u\in C_b([-r,+\infty),X)$ 且 $u\mid_{[0,+\infty)}\in PSAP_{\omega,p}(X)$, 那么函数 $s\to F(s,u_s)$ 属于 $PSAP_{\omega,p}(X)$.

证明: 令 $Q=\|u\|_{C_b([-r,+\infty),X)}$. 因为函数 $s\mapsto u_s$ 属于 $PSAP_{\omega,p}(\mathcal{C})$ (见引理 6.3), 则对所有的 $\forall\,\varepsilon>0$ 存在 $T_\varepsilon>0$ 使得对每一个 $T_\varepsilon>T$, 有

$$\|L_F\|_{C_b([0,\infty),\mathbb{R}^+)}\frac{1}{T}\int_p^T\sup_{t\in[s-p,s]}\|u_{t+\omega}-u_t\|_{\mathcal{C}}\mathrm{d}s\le\varepsilon.$$

另外, 由 $F\in PSAP_{\omega,p}(\mathcal{C},X)$, 有

$$\frac{1}{T}\int_p^T\sup_{t\in[s-p,s]}\sup_{\|x\|_{\mathcal{C}}\le Q}\|F(t+\omega,x)-F(t,x)\|\mathrm{d}s\le\varepsilon.$$

从而对所有的 $T\ge T_\varepsilon$, 可得

$$\begin{aligned}
&\frac{1}{T}\int_p^T\sup_{t\in[s-p,s]}\|F(t+\omega,u_{t+\omega})-F(t,u_t)\|\mathrm{d}s\\
&\le\frac{1}{T}\int_p^T\sup_{t\in[s-p,s]}\|F(t+\omega,u_{t+\omega})-F(t,u_{t+\omega})\|\mathrm{d}s\\
&\quad+\frac{1}{T}\int_p^T\sup_{t\in[s-p,s]}\|F(t,u_{t+\omega})-F(t,u_t)\|\mathrm{d}s\\
&\le\frac{1}{T}\int_p^T\sup_{t\in[s-p,s]}\sup_{\|x\|_{\mathcal{C}}\le Q}\|F(t+\omega,x)-F(t,x)\|\mathrm{d}s\\
&\quad+\|L_F\|_{C_b([0,\infty);\mathbb{R}^+)}\frac{1}{T}\int_p^T\sup_{t\in[s-p,s]}\|u_{t+\omega}-u_t\|_{\mathcal{C}}\mathrm{d}s\\
&\le 2\varepsilon,
\end{aligned}$$

引理得证. □

引理6.5　令$u\in C_b([-r,+\infty),X)$且$\kappa\ [-r,+\infty)\to X$, 当$t\in[-r,0]$时,$\kappa(t)=0$, 当$t\geq 0$时$\kappa(t)=\int_0^t S_\alpha(t-s)u(s)\mathrm{d}s$. 如果$u\mid_{[0,+\infty)}\in PSAP_{\omega,p}(X)$, 那么$\kappa\in PSAP_{\omega,p}(X)$.

证明:　我们有估计

$$\int_0^t\|S_\alpha(t-s)u(s)\|\mathrm{d}s\leq\frac{CM|\mu|^{\frac{-1}{\alpha}}\pi}{\alpha\sin(\frac{\pi}{\alpha})}\|u\|_{C_b([0,+\infty),X)},\tag{6.6}$$

这表明$\kappa\in C_b([-r,+\infty),X)$. 下面证明

$$\lim_{T\to+\infty}\frac{1}{T}\int_p^T\sup_{t\in[\xi-p,\xi]}\|\kappa(t+\omega)-\kappa(t)\|\mathrm{d}\xi=0.$$

首先选择正常数q使得$T>q>p>0$, 则可以得到

$$\begin{aligned}
&\frac{1}{T}\int_p^T\sup_{t\in[\xi-p,\xi]}\|\kappa(t+\omega)-\kappa(t)\|\mathrm{d}\xi\\
&\leq\frac{1}{T}\int_p^T\sup_{t\in[\xi-p,\xi]}\int_0^t\|S_\alpha(t-s)[u(s+\omega)-u(s)]\|\mathrm{d}s\mathrm{d}\xi\\
&\quad+\frac{1}{T}\int_p^T\sup_{t\in[\xi-p,\xi]}\int_0^\omega\|S_\alpha(t+\omega-s)u(s)\|\mathrm{d}s\mathrm{d}\xi\\
&\leq\frac{1}{T}\int_p^q\sup_{t\in[\xi-p,\xi]}\int_0^t\|S_\alpha(t-s)[u(s+\omega)-u(s)]\|\mathrm{d}s\mathrm{d}\xi\\
&\quad+\frac{1}{T}\int_q^T\sup_{t\in[\xi-p,\xi]}\int_0^t\|S_\alpha(t-s)[u(s+\omega)-u(s)]\|\mathrm{d}s\mathrm{d}\xi\\
&\quad+\frac{1}{T}\int_p^T\sup_{t\in[\xi-p,\xi]}\int_0^\omega\|S_\alpha(t+\omega-s)u(s)\|\mathrm{d}s\mathrm{d}\xi\\
&:=\sum_{i=1}^3 K_i(T).
\end{aligned}$$

接下来, 将分别估计$K_i(T),1\leq i\leq 3$.

对于$K_1(T)$, 我们将证明$\lim\limits_{T\to+\infty}K_1(T)=0$. 由于$u\in C_b([-r,+\infty),X)$, 那么可以得到

$$\begin{aligned}
K_1(T)&=\frac{1}{T}\int_p^q\sup_{t\in[\xi-p,\xi]}\int_0^t\|S_\alpha(t-s)[u(s+\omega)-u(s)]\|\mathrm{d}s\mathrm{d}\xi\\
&\leq\frac{1}{T}\int_p^q\sup_{t\in[\xi-p,\xi]}\int_0^t\frac{CM}{1+|\mu|(t-s)^\alpha}[u(s+\omega)-u(s)]\|\mathrm{d}s\mathrm{d}\xi
\end{aligned}$$

$$\leq \quad 2CM\|u\|_{C_b([-r,\infty),X)}\frac{q(q-p)}{T}\to 0, \quad 当T\to+\infty.$$

为了验证 $\lim\limits_{T\to+\infty}K_2(T)=0$, 首先分解 $K_2(T)$ 如下

$$\begin{aligned}
K_2(T) &= \frac{1}{T}\int_q^T\sup_{t\in[\xi-p,\xi]}\int_0^t\|S_\alpha(t-s)[u(s+\omega)-u(s)]\|\mathrm{d}s\mathrm{d}\xi\\
&\leq \frac{1}{T}\int_q^T\sup_{t\in[\xi-p,\xi]}\int_0^{t-2}\|S_\alpha(t-s)[u(s+\omega)-u(s)]\|\mathrm{d}s\mathrm{d}\xi\\
&\quad+\frac{1}{T}\int_q^T\sup_{t\in[\xi-p,\xi]}\int_{t-2}^t\|S_\alpha(t-s)[u(s+\omega)-u(s)]\|\mathrm{d}s\mathrm{d}\xi\\
&= \sum_{i=1}^2 K_2^i(T),
\end{aligned}$$

其中

$$K_2^1(T)=\frac{1}{T}\int_q^T\sup_{t\in[\xi-p,\xi]}\int_0^{t-2}\|S_\alpha(t-s)[u(s+\omega)-u(s)]\|\mathrm{d}s\mathrm{d}\xi,$$

且

$$K_2^2(T)=\frac{1}{T}\int_q^T\sup_{t\in[\xi-p,\xi]}\int_{t-2}^t\|S_\alpha(t-s)[u(s+\omega)-u(s)]\|\mathrm{d}s\mathrm{d}\xi.$$

对于 $K_2^1(T)$, 我们有

$$\begin{aligned}
K_2^1(T) &= \frac{1}{T}\int_q^T\sup_{t\in[\xi-p,\xi]}\int_0^{t-2}\|S_\alpha(t-s)[u(s+\omega)-u(s)]\|\mathrm{d}s\mathrm{d}\xi\\
&\leq \frac{1}{T}\int_q^T\sup_{t\in[\xi-p,\xi]}\int_0^{t-2}\frac{CM}{1+|\mu|(t-s)^\alpha}\|u(s+\omega)-u(s)\|\mathrm{d}s\mathrm{d}\xi\\
&\leq \frac{1}{T}\int_0^T\int_0^\xi\frac{CM}{1+|\mu|(\xi-p-s)^\alpha}\|u(s+\omega)-u(s)\|\mathrm{d}s\mathrm{d}\xi\\
&\leq \frac{1}{T}\int_0^T\int_s^T\frac{CM}{1+|\mu|(\xi-p-s)^\alpha}\|u(s+\omega)-u(s)\|\mathrm{d}\xi\mathrm{d}s\\
&\leq \frac{1}{T}\frac{CM}{|\mu|}\int_0^T[\frac{(T-p-s)^{1-\alpha}}{|1-\alpha|}+\frac{p^{1-\alpha}}{|1-\alpha|}]\|u(s+\omega)-u(s)\|\mathrm{d}s\\
&\leq \frac{1}{T}\frac{CM}{|\mu|}(\int_0^p+\int_p^T)[\frac{(T-p-s)^{1-\alpha}}{|1-\alpha|}+\frac{p^{1-\alpha}}{|1-\alpha|}]\|u(s+\omega)-u(s)\|ds\\
&\leq \frac{2}{T}\frac{CM}{|\mu|}\left[\frac{2(T-2p)^{2-\alpha}}{(\alpha-1)(2-\alpha)}+\frac{(T-p)^{2-\alpha}}{(\alpha-1)(2-\alpha)}+\frac{p^{2-\alpha}}{|1-\alpha|}+\frac{p^{2-\alpha}}{(\alpha-1)(2-\alpha)}\right]
\end{aligned}$$

$$\times\|u\|_{C_b([0,\infty),X)} + \frac{CM}{|\mu|}\frac{p^{1-\alpha}}{|1-\alpha|}\frac{1}{T}\int_p^T \|u(s+\omega)-u(s)\|\mathrm{d}s.$$

由估计 $\frac{1}{T}\int_p^T \|u(s+\omega)-u(s)\|\mathrm{d}s \leq \frac{1}{T}\int_p^T \sup_{s\in[\tau-p,\tau]}\|u(s+p+\omega)-u(s+p)\|\mathrm{d}\tau$ 以及 $PSAP_{\omega,p}(X)$ 是平移不变的, 可以推出

$$\lim_{T\to+\infty}\frac{1}{T}\int_p^T \|u(s+\omega)-u(s)\|\mathrm{d}s = 0. \tag{6.7}$$

另外, 由于 $1<\alpha<2$, 容易得到 $\lim_{T\to+\infty} K_2^1(T)=0$.

现在对 $K_2^2(T)$ 进行放缩.

$$\begin{aligned}
K_2^2(T) &= \frac{1}{T}\int_q^T \sup_{t\in[\xi-p,\xi]}\int_{t-2}^t \|S_\alpha(t-s)[u(s+\omega)-u(s)]\|\mathrm{d}s\mathrm{d}\xi \\
&\leq \frac{CM}{|\mu|}\frac{1}{T}\int_0^T\int_{\xi-p-2}^{\xi}\frac{1}{(\xi-p-s)^\alpha}\|u(s+\omega)-u(s)\|\mathrm{d}s\mathrm{d}\xi \\
&\leq \frac{CM}{|\mu|}\frac{1}{T}\left[\int_{-p-2}^0\int_0^{s+p+2}\frac{1}{(\xi-p-s)^\alpha}\|u(s+\omega)-u(s)\|\mathrm{d}\xi\mathrm{d}s\right. \\
&\quad+\int_0^T\int_s^{s+p+2}\frac{1}{(\xi-p-s)^\alpha}\|u(s+\omega)-u(s)\|\mathrm{d}\xi\mathrm{d}s \\
&\quad\left.+\int_T^{T+p+2}\int_s^{T+p}\frac{1}{(\xi-p-s)^\alpha}\|u(s+\omega)-u(s)\|\mathrm{d}\xi\mathrm{d}s\right] \\
&\leq \frac{CM}{|\mu|}\left[\frac{1}{T}\int_{-p-2}^0[\frac{(p+s)^{1-\alpha}}{\alpha-1}+\frac{2^{1-\alpha}}{\alpha-1}]\|u(s+\omega)-u(s)\|\mathrm{d}s\right. \\
&\quad+\frac{1}{T}\int_0^T[\frac{p^{1-\alpha}}{\alpha-1}+\frac{2^{1-\alpha}}{\alpha-1}]\|u(s+\omega)-u(s)\|\mathrm{d}s \\
&\quad\left.+\frac{1}{T}\int_T^{T+p+2}[\frac{(T-s)^{1-\alpha}}{\alpha-1}+\frac{p^{1-\alpha}}{\alpha-1}]\|u(s+\omega)-u(s)\|\mathrm{d}s\right] \\
&\leq \frac{CM}{|\mu|}\frac{2}{T}\left[\frac{p^{2-\alpha}}{(\alpha-1)(2-\alpha)}+\frac{(2p+2)^{2-\alpha}}{(\alpha-1)(2-\alpha)}\right. \\
&\quad\left.+\frac{(p+2)^{2-\alpha}}{(\alpha-1)(2-\alpha)}\right]\|u\|_{C_b([0,\infty),X)} \\
&\quad+\frac{CM}{|\mu|}\left[\frac{p^{1-\alpha}}{\alpha-1}+\frac{2^{1-\alpha}}{\alpha-1}\right]\left(\frac{2p}{T}\|u\|_{C_b([0,\infty),X)}\right. \\
&\quad\left.+\frac{1}{T}\int_p^T\|u(s+\omega)-u(s)\|\mathrm{d}s\right)
\end{aligned}$$

$$+\frac{CM}{|\mu|}\left[\frac{p^{1-\alpha}}{\alpha-1}+\frac{2^{1-\alpha}}{\alpha-1}\right]\frac{2(p+2)}{T}\|u\|_{C_b([0,+\infty),X)}.$$

结合表达式 (6.7) 以及 $1<\alpha<2$, 可以推出 $\lim\limits_{T\to+\infty}K_2^2(T)=0$.

最后, 当 $T\to+\infty$ 时,

$$\begin{aligned}K_3(T) &= \frac{1}{T}\int_p^T\sup_{t\in[\xi-p,\xi]}\int_0^\omega\|S_\alpha(t+\omega-s)u(s)\|\mathrm{d}s\mathrm{d}\xi\\ &\le \frac{1}{T}\int_p^T\frac{CM}{1+|\mu|(\xi-p)^\alpha}\int_0^\omega\|u(s)\|\mathrm{d}s\mathrm{d}\xi\\ &\le \frac{1}{T}\omega\|u\|_{C_b([0,+\infty),X)}\int_p^T\frac{CM}{1+|\mu|(\xi-p)^\alpha}\mathrm{d}\xi\\ &\le \frac{1}{T}\omega\|u\|_{C_b([0,+\infty),X)}\frac{CM|\mu|^{\frac{-1}{\alpha}}\pi}{\alpha\sin(\frac{\pi}{\alpha})}\to 0.\end{aligned}$$

最终, 我们证明了 $\kappa\in PSAP_{\omega,p}(X)$. □

6.3 主要结论

这一节主要考虑的是系统 (6.2) 的 p 类伪 S-渐近 ω-周期解的存在唯一性.

定义 6.4 一个函数 $u\in C_b([-r,+\infty),X)$ 称为系统 (6.2) 的适度解, 如果 $u_0=\varphi$ 且

$$u(t)=S_\alpha(t)[\varphi(0)-g(0,\varphi)]+g(t,u_t)+\int_0^t S_\alpha(t-s)f(s,u_s)\mathrm{d}s,\quad\forall\, t\ge 0.$$

为了建立结果, 我们需要作如下假设:

(H$_1$) 函数 $g,f\in PSAP_\omega(\mathcal{C},X)$ 且 $f(\cdot,0),g(\cdot,0)$ 属于 $C_b([0,+\infty),X)$;

(H$_2$) 存在正常数 L_g,L_f 使得对任意的 $\psi,\varphi\in\mathcal{C}$ 以及所有的 $t\in[0,+\infty)$, 有

$$\|g(t,\psi)-g(t,\varphi)\|\le L_g\|\psi-\varphi\|_{\mathcal{C}},\ \|f(t,\psi)-f(t,\varphi)\|\le L_f\|\psi-\varphi\|_{\mathcal{C}};$$

(H$_3$) 存在 $L_g(t),L_f(t)\in C_b([0,+\infty),\mathbb{R}^+)$ 使得对任意的 $\psi,\varphi\in\mathcal{C}$ 以及所有的 $t\in[0,+\infty)$, 有

$$\|g(t,\psi)-g(t,\varphi)\|\le L_g(t)\|\psi-\varphi\|_{\mathcal{C}},\|f(t,\psi)-f(t,\varphi)\|\le L_f(t)\|\psi-\varphi\|_{\mathcal{C}};$$

(H_4) 存在 $L_g(t) \in C_b([0,+\infty),\mathbb{R}^+)$ 和 $L_f(t) \in L^1_{loc}([0,+\infty),\mathbb{R}^+)$ 使得对任意的 $\psi,\varphi \in \mathcal{C}$ 以及所有的 $t \in [0,+\infty)$, 有

$$\|g(t,\psi)-g(t,\varphi)\| \le L_g(t)\|\psi-\varphi\|_{\mathcal{C}}, \|f(t,\psi)-f(t,\varphi)\| \le L_f(t)\|\psi-\varphi\|_{\mathcal{C}};$$

(H_5) 存在 $L_g(t) \in C_b([0,+\infty),\mathbb{R}^+)$ 和 $L_f(t) \in BS^p(\mathbb{R}^+,\mathbb{R}^+) \cap C_b([0,+\infty),\mathbb{R}^+)$ 使得对任意的 $\psi,\varphi \in \mathcal{C}$ 以及所有的 $t \in [0,+\infty)$, 有

$$\|g(t,\psi)-g(t,\varphi)\| \le L_g(t)\|\psi-\varphi\|_{\mathcal{C}}, \|f(t,\psi)-f(t,\varphi)\| \le L_f(t)\|\psi-\varphi\|_{\mathcal{C}}.$$

现在我们给出系统 (6.2) 的 p 类伪 S-渐近 ω-周期解的第一个存在性定理.

定理 6.1 假设 (H_1) 和 (H_3) 成立, 并且

$$\|L_g\|_{C_b([0,+\infty),\mathbb{R}^+)} + \|L_f\|_{C_b([0,+\infty),\mathbb{R}^+)}\frac{CM|\mu|^{\frac{-1}{\alpha}}\pi}{\alpha\sin(\frac{\pi}{\alpha})} < 1, \tag{6.8}$$

则系统 (6.2) 至少有一个适度解 $u \in PSAP_{\omega,p}(X)$.

证明: 令 $\mathcal{B} = \{u : [-r,+\infty) \to X \mid u_0 = \varphi, u|_{[0,+\infty)} \in PSAP_{\omega,p}(X)\}$ 并且定义一个度量 $d(u,z) = \|u-z\|_{C_b([-r,+\infty),X)}$. 令 Φ_α 是如下定义的一个映射

$$\Phi_\alpha u(t) = S_\alpha(t)[\varphi(0)-g(0,\varphi)] + g(t,u_t) + \int_0^t S_\alpha(t-s)f(s,u_s)\mathrm{d}s. \quad \forall\, t \ge 0. \tag{6.9}$$

我们下面证明 Φ_α 在 $\mathcal{B}$ 上是一个压缩映射.

假设 $u \in \mathcal{B}$, 我们现在证明 $\Phi_\alpha u \in \mathcal{B}$.

一方面,从条件 (H_3), 我们知道 f, g 满足 Lipschitz 条件. 另外, 通过计算, 可以得到如下估计

$$\begin{aligned}
\|\Phi_\alpha u(t)\| \le{}& \|S_\alpha(t)\|[\|\varphi(0)\| + \|g(0,\varphi)\|] \\
&+\Big[\|g(t,u_t)-g(t,0)\| + \|g(\cdot,0)\|_{C_b([0,+\infty),X)}\Big] \\
&+\int_0^t S_\alpha(t-s)\Big[\|f(s,u_s)-f(s,0)\| + \|f(\cdot,0)\|_{C_b([0,+\infty),X)}\Big]\mathrm{d}s \\
\le{}& CM[\|\varphi(0)\| + \|g(0,\varphi)\|] \\
&+\Big[\|L_g\|_{C_b([0,+\infty),\mathbb{R}^+)}\|u\|_{C_b([-r,+\infty),X)} + \|g(\cdot,0)\|_{C_b([0,+\infty),X)}\Big] \\
&+\frac{CM|\mu|^{\frac{-1}{\alpha}}\pi}{\alpha\sin(\frac{\pi}{\alpha})}\Big[\|L_f\|_{C_b([0,+\infty),\mathbb{R}^+)}\|u\|_{C_b([-r,+\infty),X)} + \|f(\cdot,0)\|_{C_b([0,+\infty),X)}\Big].
\end{aligned} \tag{6.10}$$

另一方面, 当 $T \to +\infty$ 时, 显然有

$$\begin{aligned}
&\frac{1}{T}\int_0^T \sup_{\tau\in[s-p,s]} \left\| S_\alpha(\tau+\omega)[\varphi(0)-g(0,\varphi)] - S_\alpha(\tau)[\varphi(0)-g(0,\varphi)] \right\| \mathrm{d}s \\
&\le \frac{2CM}{T}\int_0^T \frac{1}{1+|\mu|\tau^\alpha} d\tau [\|\varphi(0)\| + \|g(0,\varphi)\|] \\
&\le \frac{2CM|\mu|^{\frac{-1}{\alpha}}\pi}{\alpha\sin(\frac{\pi}{\alpha})} \times \frac{1}{T}[\|\varphi(0)\| + \|g(0,\varphi)\|] \to 0.
\end{aligned} \tag{6.11}$$

因此, 我们推出 $S_\alpha(\cdot)[\varphi(0)-g(0,\varphi)] \in PSAP_{\omega,p}(X)$. 现在利用估计 (6.10), (6.11) 以及引理 6.4—6.5, 可以断言只要 $u \in \mathcal{B}$, 就有 $\Phi_\alpha u \in \mathcal{B}$.

另外, 对于 $\forall\, u, v \in \mathcal{B}$ 和 $t \ge 0$, 可以推出

$$\begin{aligned}
&\|\Phi_\alpha u(t) - \Phi_\alpha v(t)\| \\
&\le L_g(t)\|u_t - v_t\|_{\mathcal{C}} + CM\int_0^t \frac{L_f(s)}{1+|\mu|(t-s)^\alpha}\mathrm{d}s\|u_s - v_s\|_{\mathcal{C}} \\
&\le L_g(t)\|u_t - v_t\|_{\mathcal{C}} + \|L_f\|_{C_b([0,+\infty),\mathbb{R}^+)}\frac{CM|\mu|^{\frac{-1}{\alpha}}\pi}{\alpha\sin(\frac{\pi}{\alpha})}\|u_s - v_s\|_{\mathcal{C}} \\
&\le \left[\|L_g\|_{C_b([0,+\infty),\mathbb{R}^+)} + \|L_f\|_{C_b([0,+\infty),\mathbb{R}^+)}\frac{CM|\mu|^{\frac{-1}{\alpha}}\pi}{\alpha\sin(\frac{\pi}{\alpha})}\right]\|u - v\|_{C_b([-r,\infty),X)},
\end{aligned}$$

从而根据式 (6.8) 得到 Φ_α 在 $\mathcal{B}$ 上是一个压缩映射. 因此我们可以确定 Φ_α 在 $\mathcal{B}$ 中有唯一的不动点 $u \in PSAP_{\omega,p}(X)$. 这个不动点就是系统 (6.2) 的适度解. 证毕. □

下一个结论是定理 6.1 的一个直接推论.

推论 6.1 假定 (H_1) 和 (H_2) 成立, 并且

$$L_g + \frac{CML_f|\mu|^{\frac{-1}{\alpha}}\pi}{\alpha\sin(\frac{\pi}{\alpha})} < 1,$$

则系统 (6.2) 有唯一的适度解 $u \in PSAP_{\omega,p}(X)$.

当函数 f 满足局部 Lipschitz 条件, 我们可以建立一个类似的结论.

定理 6.2 假定 (H_1) 和 (H_4) 成立, 并且

$$\sup_{t\ge 0} W_f(t) + \|L_g\|_{C_b([0,+\infty),\mathbb{R}^+)} < 1, \tag{6.12}$$

其中 $W_f(t) = \int_0^t \frac{L_f(s)}{1+|\mu|(t-s)^\alpha}\mathrm{d}s$,则系统 (6.2) 有唯一的适度解 $u \in PSAP_{\omega,p}(X)$.

证明:　我们仍然如定理 6.1 那样定义 Φ_α 和集合 $\mathcal{B}$. 下面我们证明 Φ_α 是一个压缩映射. 我们首先证明 Φ_α 的定义是合理的. 由表达式 (6.11), 我们可以得到 $S_\alpha(\cdot)[\varphi(0)-g(0,\varphi)]$ 属于 $PSAP_{\omega,p}(X)$. 另外, 对 $\forall\, u\in\mathcal{B}$ 和 $\forall\, t\geq 0$ 有

$$\begin{aligned}\|\Phi_\alpha u(t)\| \leq\ & \|S_\alpha(t)\|[\|\varphi(0)\|+\|g(0,\varphi)\|]\\ &+\Big[\|g(t,u_t)-g(t,0)\|+\|g(\cdot,0)\|_{C_b([0,+\infty),X)}\Big]\\ &+\int_0^t\frac{CM}{1+|\mu|(t-s)^\alpha}\Big[\|f(s,u_s)-f(s,0)\|+\|f(\cdot,0)\|_{C_b([0,+\infty),X)}\Big]\\ \leq\ & CM[\|\varphi(0)\|+\|g(0,\varphi)\|]\\ &+\Big[\|L_g\|_{C_b([0,+\infty),\mathbb{R}^+)}\|u\|_{C_b([-r,+\infty),X)}+\|g(\cdot,0)\|_{C_b([0,+\infty),X)}\Big]\\ &+\sup_{t\geq 0}W_f(t)\|u\|_{C_b([-r,+\infty),X)}+\frac{CM|\mu|^{\frac{-1}{\alpha}}\pi}{\alpha\sin(\frac{\pi}{\alpha})}\|f(\cdot,0)\|_{C_b([0,+\infty),X)}.\end{aligned}$$

结合引理 6.4-6.5 以及上面的讨论, 得到 $\Phi_\alpha u$ 在 $\mathcal{B}$ 上的定义合理.

另外, 对 $\forall\, u,v\in\mathcal{B}$ 和 $t\geq 0$ 有

$$\begin{aligned}&\|(\Phi_\alpha u)(t)-(\Phi_\alpha v)(t)\|\\ &\leq L_g(t)\|u_t-v_t\|_{\mathcal{C}}+CM\int_0^t\frac{L_f(s)}{1+|\mu|(t-s)^\alpha}\|u_s-v_s\|_{\mathcal{C}}\mathrm{d}s\\ &\leq\Big[\|L_g\|_{C_b([0,+\infty),\mathbb{R}^+)}+\sup_{t\geq 0}W_f(t)\Big]\|u-v\|_{C_b([-r,+\infty),X)}.\end{aligned}$$

由假设 (6.12), 我们得到了结论. 从而使得定理 6.3 的证明完备.　□

定理 6.3　假设 (H_1) 和 (H_5) 成立, 并且

$$\|L_g\|_{C_b([0,+\infty),\mathbb{R}^+)}+CM\left(1+\frac{|\mu|^{\frac{-1}{\alpha}}\pi}{\alpha\sin(\frac{\pi}{\alpha})}\right)\|L_f\|_{S^p}<1, \tag{6.13}$$

则系统 (6.2) 有唯一的适度解 $u\in PSAP_{\omega,p}(X)$.

证明:　算子 Φ_α 和集合 $\mathcal{B}$ 如定理 6.1 定义. 类似定理 6.3 的证明, 容易断定只要 $u\in\mathcal{B}$, 就有 $\Phi_\alpha u\in\mathcal{B}$.

另外, 对 $\forall\, u,v\in\mathcal{B}$ 和每一个 $t\geq 0$, 有

$$\begin{aligned}&\|(\Phi_\alpha u)(t)-(\Phi_\alpha v)(t)\|\\ &\leq L_g(t)\|u_t-v_t\|_{\mathcal{C}}+\int_0^t S_\alpha(t-s)\|f(s,u_s)-f(s,v_s)\|\mathrm{d}s\end{aligned}$$

$$\leq L_g(t)\|u_t - v_t\|_{\mathcal{C}} + CM\int_0^t \frac{L_f(s)}{1+|\mu|(t-s)^\alpha}\|u_s - v_s\|_{\mathcal{C}}\mathrm{d}s.$$

如果 $t = m \in \mathbb{N}$, 则

$$\begin{aligned}
&\|(\Phi_\alpha u)(t) - (\Phi_\alpha v)(t)\| \\
&\leq L_g(t)\|u_t - v_t\|_{\mathcal{C}} + CM\int_0^m \frac{L_f(s)}{1+|\mu|(m-s)^\alpha}\|u_s - v_s\|_{\mathcal{C}}\mathrm{d}s \\
&\leq L_g(t)\|u_t - v_t\|_{\mathcal{C}} + CM\sum_{k=0}^{m-1}\int_k^{k+1} \frac{L_f(s)}{1+|\mu|(m-s)^\alpha}\|u_s - v_s\|_{\mathcal{C}}\mathrm{d}s \\
&\leq L_g(t)\|u_t - v_t\|_{\mathcal{C}} \\
&\quad + CM\sum_{k=0}^{m-1}\frac{1}{1+|\mu|(m-k-1)^\alpha}\sup_{k\in[0,m-1]}\int_k^{k+1} L_f(s)\mathrm{d}s\|u_s - v_s\|_{\mathcal{C}} \\
&\leq L_g(t)\|u_t - v_t\|_{\mathcal{C}} + CM\left[1 + \left(\int_0^1 + \int_1^2 + \cdots + \int_{m-2}^{m-1}\right)\frac{1}{1+|\mu|\tau^\alpha}\mathrm{d}\tau\right] \\
&\quad \times\left(\sup_{k\in[0,m-1]}\int_k^{k+1}\|L_f(s)\|^p\mathrm{d}s\right)^{\frac{1}{p}}\|u_s - v_s\|_{\mathcal{C}} \\
&\leq L_g(t)\|u_t - v_t\|_{\mathcal{C}} + CM\left[1 + \int_0^\infty \frac{1}{1+|\mu|\tau^\alpha}\mathrm{d}\tau\right]\|L_f\|_{S^p}\|u_s - v_s\|_{\mathcal{C}} \\
&\leq \left[\|L_g\|_{C_b([0,+\infty),\mathbb{R}^+)} + CM + \frac{CM|\mu|^{\frac{-1}{\alpha}}\pi}{\alpha\sin(\frac{\pi}{\alpha})}\|L_f\|_{S^p}\right]\|u - v\|_{C_b([-r,+\infty),X)}.
\end{aligned}$$

现在考虑更一般的情形. 如果 $t = m - h$, 其中 $0 < h < 1$, $m \in \mathbb{N}$, 那么有

$$\begin{aligned}
&\int_0^t S_\alpha(t-s)L_f(s)\mathrm{d}s \leq \int_0^{m-h}\frac{CM}{1+|\mu|(m-h-s)^\alpha}L_f(s)\mathrm{d}s \\
&\leq \int_h^m \frac{CM}{1+|\mu|(m-s)^\alpha}L_f(s-h)\mathrm{d}s \leq \int_h^m \frac{CM}{1+|\mu|(m-s)^\alpha}\bar{L}_f(s)\mathrm{d}s \\
&\leq \int_0^m \frac{CM}{1+|\mu|(m-s)^\alpha}\bar{L}_f(s)\mathrm{d}s \leq \left(\int_0^h + \int_h^m\right)\frac{CM}{1+|\mu|(m-s)^\alpha}\bar{L}_f(s)\mathrm{d}s \\
&\leq CM\left(1 + \frac{|\mu|^{\frac{-1}{\alpha}}\pi}{\alpha\sin(\frac{\pi}{\alpha})}\right)\|\bar{L}_f\|_{S^p}.
\end{aligned}$$

其中 $\bar{L}_f$ 由下式定义

$$\bar{L}_f(s) := \begin{cases} 0, & 0 \leq s < h, \\ L_f(s-h), & s \geq h. \end{cases}$$

因而可以得到 $\|\bar{L}_f\|_{S^p} = \|L_f\|_{S^p}$. 另外, 容易得到

$$\int_0^t \frac{1}{1+|\mu|(t-s)^\alpha} L_f(s)\mathrm{d}s \le \left(1+\frac{|\mu|^{\frac{-1}{\alpha}}\pi}{\alpha\sin(\frac{\pi}{\alpha})}\right)\|\bar{L}_f\|_{S^p}.$$

从之前的估计, 可以得到

$$\begin{aligned}&\|\Phi_\alpha u-\Phi_\alpha v\|_{C_b([-r,+\infty),X)}\\&\le\left[\|L_g\|_{C_b([0,+\infty),\mathbb{R}^+)}+CM\left(1+\frac{|\mu|^{\frac{-1}{\alpha}}\pi}{\alpha\sin(\frac{\pi}{\alpha})}\right)\|L_f\|_{S^p}\right]\|u-v\|_{C_b([-r,+\infty),X)}.\end{aligned}$$

由式 (6.13) 和 Banach 压缩映射原理, 我们知道 Φ_α 在 $\mathcal{B}$ 中有唯一的不动点 $u \in PSAP_{\omega,p}(X)$. 这个不动点正是系统 (6.2) 的适度解. 证毕. □

6.4　实例

接下来, 我们利用之前得到的理论来验证一类分数阶偏积分微分方程的伪 S-渐近 ω- 周期解的存在性和唯一性. 我们考虑如下系统

$$\begin{cases}\dfrac{\partial}{\partial t}\left[v(t,\vartheta)-h(t)\displaystyle\int_{-r}^0 k(s)v(t+s,\vartheta)\mathrm{d}s\right]=J_t^{\alpha-1}(\dfrac{\partial^2}{\partial\vartheta}-c)\left[v(t,\vartheta)\right.\\ \qquad\qquad\qquad\qquad\left.-h(t)\displaystyle\int_{-r}^0 k(s)v(t+s,\vartheta)\mathrm{d}s\right]\\ \qquad\qquad\qquad\qquad+j(t)\displaystyle\int_{-r}^0 m(s)v(t+s,\vartheta)\mathrm{d}s,\ \ t\ge 0,\ c>0,\ \vartheta\in[0,\pi],\\ v(\theta,\vartheta)=\varphi(\theta,\vartheta),\qquad \theta\in[-r,0],\end{cases}\tag{6.14}$$

其中 $1<\alpha<2$, $h(t), j(t) \in PSAP_{\omega,p}([0,+\infty),\mathbb{R})$, $k, m \in C_b([-r,0],\mathbb{R})$ 并且满足一些给定的条件. 令 $X = L^2([0,\pi],\mathbb{R},\|\cdot\|_{L^2})$ 并且在 X 上定义算子 A 如下 $Av = (\dfrac{\partial^2}{\partial\vartheta}-c)v$. $D(A) = \{v \in X = L^2([0,\pi],\mathbb{R}) : v'' \in L^2[0,\pi],\ v(0) = v(\pi) = 0\}$. 我们知道 A 是 $\omega = -c < 0$ 类的扇形算子. 对 $t \in [-r,+\infty)$, 令 $u(t)(\vartheta) = v(t,\vartheta), g(t,u_t)(\vartheta) = h(t)\displaystyle\int_{-r}^0 k(s)v(t+s,\vartheta)\mathrm{d}s, f(t,u_t)(\vartheta) = j(t)\displaystyle\int_{-r}^0 m(s)v(t+s,\vartheta)\mathrm{d}s$, $t \in [0,+\infty)$, $\vartheta \in [0,\pi]$, 和 $J_t^{\alpha-1}u(t) = \displaystyle\int_0^t \frac{(t-s)^{\alpha-2}}{\Gamma(\alpha-1)}u(s)\mathrm{d}s$. 则系统 (6.14) 可以被看作系统 (6.2) 的一种抽象形式.

这里只给出证明的简要概括. 我们有如下估计

$$\|g(t,\varphi)\| \le r^{\frac{1}{2}}\|h\|\left(\int_{-r}^{0}|k(s)|^2\mathrm{d}s\right)^{\frac{1}{2}}\|\varphi\|_{\mathcal{C}}, \tag{6.15}$$

$$\|g(t,\varphi)-g(t,\psi)\| \le r^{\frac{1}{2}}\|h\|\left(\int_{-r}^{0}|k(s)|^2\mathrm{d}s\right)^{\frac{1}{2}}\|\varphi-\psi\|_{\mathcal{C}}, \tag{6.16}$$

$$\begin{aligned}&\frac{1}{T}\int_{p}^{T}\sup_{\tau\in[t-p,t]}\|g(\tau+\omega,u_\tau)-g(\tau,u_\tau)\|\mathrm{d}t\\ &\le \frac{1}{T}\int_{p}^{T}\sup_{\tau\in[t-p,t]}\|h(\tau+\omega)-h(\tau)\|\mathrm{d}t\times\|r^{\frac{1}{2}}\|(\int_{-r}^{0}k^2(s)\mathrm{d}s)^{\frac{1}{2}}\|u_\tau\|_{\mathcal{C}}.\end{aligned} \tag{6.17}$$

注意到估计(6.15) 意味着 g 是有界的. 由于 h 属于 $PSAP_{\omega,p}(X)$, 则估计(6.16) 和(6.17) 表明 $g\in PSAP_{\omega,p}(\mathcal{C},X)$ 且 $L_g=r^{\frac{1}{2}}\|h\|\left(\int_{-r}^{0}|k(s)|^2\mathrm{d}s\right)^{\frac{1}{2}}$. 同样地, 可以验证 f 是有界的并且 $f\in PSAP_{\omega,p}(\mathcal{C},X)$ 其中, $L_f=r^{\frac{1}{2}}\|j\|\left(\int_{-r}^{0}|m(s)|^2\mathrm{d}s\right)^{\frac{1}{2}}$. 因而由推论 6.2 可以得到如下结论.

命题 6.1 在推论的 6.2 假设下, 如果我们假定 L_f 和 L_g 是充分小的常数使得 $L_g+L_f\dfrac{CM|\mu|^{\frac{-1}{\alpha}}\pi}{\alpha\sin\frac{\pi}{\alpha}}<1$, 其中 L_f 和 L_g 如上给出. 则系统存在一个唯一的适度解 $v\in PSAP_{\omega,p}(X)$.

第7章　分数布朗运动驱动的Riemann-Liouville分数阶随机发展方程适度解的存在性

7.1　研究背景及研究意义

在本章中, 我们研究由Wiener过程和分数布朗运动(fBm)联合驱动的Riemann - Liouville分数阶随机微分方程在Hilbert空间中适度解的存在唯一性. 我们用一个例子来说明所得的抽象结果的可行性.

作为布朗运动的推广, 近年来分数布朗运动(fBm)已广受关注.它是一个有自相似性，平稳增量以及长时间依赖性的高斯过程, 当Hurst参数 $H \neq \frac{1}{2}$, 分数布朗运动(fBm)既不是半鞅也不是Markov过程, 因此经典的随机分析技巧不再适用. 近年来, 由分数布朗运动(fBm) 驱动的随机微分方程已经被广泛研究, 见[115,116,117]等文献.

本章讨论由分数布朗运动(fBm)驱动的Riemann - Liouville分数阶随机微分方程适度解的存在性, 系统形式如下

$$\begin{cases} {}^{L}\mathcal{D}^{\alpha}[x(t)-h(t,x(t))] = Ax(t)+F(t,x(t))\dfrac{\mathrm{d}\omega(t)}{\mathrm{d}t} \\ \qquad\qquad +\sigma(t)\dfrac{\mathrm{d}B_Q^H(t)}{\mathrm{d}t},\ t\in J^{'}=(0,b], \\ \mathcal{I}_{0^+}^{1-\alpha}[x(0)-g(x)] = x_0\in X, \end{cases} \tag{7.1}$$

其中 ${}^{L}\mathcal{D}_t^{\alpha}$ 代表Riemann-Liouville分数阶导数, $\frac{1}{2}<\alpha<1$, $\mathcal{I}^{\alpha}$ 是阶数为 α 的Riemann-Liouville分数阶积分算子. $x(\cdot)$ 取值于可分Hilbert空间 X; A 是解析半群 $\{S(t)\}_{t\geq 0}$ 的无穷小生成元, 内积和范数分别由 $\langle .,.\rangle$ 和 $\|\cdot\|$ 表示. 假设 K 是另一个可分Hilbert空间, 内积和范数分别由 $\langle .,.\rangle$ 和 $\|\cdot\|_K$ 表示. 令 $L(K,X)$ 代表从 K 到 X 的所有有界线性算子构成的空间, $h: J\times X\to X$, $F: J\times X\to L(K,X)$, $g: X\to \mathcal{L}_0^2(\Omega,X)$, $\sigma: J\to \mathcal{L}_2^0(Y,X)$ 满足由(H_2)-(H_5)给出的条件. B^H 是一个Hurst参数 $H\in(\frac{1}{2},1)$ 的分数布朗运动. 初始值 x_0 是一个$\mathcal{F}_0$-可测随机过程.

本章结构如下. 在第二部分, 我们介绍了fBm的基本定义和一些基本性质. 在第三部分, 在适当条件下, 我们获得了系统(7.1) 的适度解的存在性. 最后, 在第四节中, 我们把理论应用到具体实例中, 验证了所得结果的可行性.

7.2 预备知识

首先介绍一些关于fBm的背景知识. 令$(\Omega,\mathcal{F},P)$是一个完备概率空间, $J=[0,b]$, b为某一固定值, 假设$\{B^H(t),t\in J\}$ 是一个一维fBm. 定义表明B^H 是一个有协方差函数的连续中心化高斯过程, 协方差函数为:

$$R_H(s,t)=\frac{1}{2}(t^{2H}+s^{2H}-|t-s|^{2H}).$$

接下来, 假定$\frac{1}{2}<H<1$. 考虑平方可积核

$$K_H(s,t)=c_Hs^{\frac{1}{2}-H}\int_s^t(u-s)u^{H-\frac{1}{2}}\mathrm{d}u,$$

其中$c_H=[\frac{H(2H-1)}{\beta(2-2H,H-\frac{1}{2})}]^{\frac{1}{2}}$, $t>s$. 有

$$\frac{\partial K_H}{\partial t}(t,s)=c_H(\frac{t}{s})^{H-\frac{1}{2}}(t-s)^{H-\frac{3}{2}}.$$

令$\mathcal{H}$表示由示性函数$I_{[0,t],t\in[0,b]}$生成的线性空间ξ的完备化空间,其内积

$$\langle I_{[0,t]},I_{[0,s]}\rangle_H=R_H(t,s).$$

$\varphi\in\xi\to B^H(\varphi)$是从空间$\xi$到$B^H$ 生成的高斯空间的一个等距同构映射. 且ξ可以延拓到$\mathcal{H}$ 中.

令K_H^*为ξ到$L^2([0,b])$的线性算子,定义为

$$(K_H^*\varphi)(s)=\int_s^t\varphi(t)\frac{\partial K_H}{\partial t}(t,s)\mathrm{d}t.$$

据我们所知, K_H^*是ξ和$L^2([0,b])$之间的同构且可扩张到Hilbert空间$\mathcal{H}$ 上.

令$\omega=\omega(t)$, $t\in[0,b]$其定义为

$$\omega(t)=B^H((K_H^*)^{-1}1_{[0,b]})).$$

则 ω 是一个Wiener过程, 其中 B^H 有积分表示

$$B^H(t)=\int_0^t K_H(t,s)\mathrm{d}\omega(s).$$

对于定义在 $[0,b]$ 上的 φ,ψ, 它们在 $\mathcal{H}$ 上的数量积由下式给出:

$$\langle\varphi,\psi\rangle_{\mathcal{H}}=\alpha_H\int_0^b\int_0^b\varphi(r)\psi(u)|r-u|^{2H-2}\mathrm{d}u\mathrm{d}r<+\infty,$$

其中 $\alpha_H=H(2H-1)$.

嵌入关系如下[115]:

$$L^1([0,b])\subset L^{\frac{1}{\mathcal{H}}}\subset|\mathcal{H}|\subset\mathcal{H}.$$

假设 Y 是一个实可分Hilbert空间. 假定在 Y 中存在完备正交基 $\{e_n\}_{n=1}^{\infty}$. 令 $Q\in L(Y,Y)$ 是一个非负自伴算子, 它有有限迹 $trQ=\sum_{n=1}^{\infty}\lambda_n<+\infty(\lambda_n\geq 0)$ 使得 $Qe_n=\lambda_n e_n$. 利用协方差算子 Q, 在 Y 中的无穷维 fBm 可定义为

$$B^H(t)=B_Q^H(t)=\sum_{n=1}^{\infty}\sqrt{\lambda_n}\varphi e_n B_n^H(t),$$

其中 $B_n^H(t)$ 是 $(\Omega,\mathcal{F},P)$ 上相互独立的一维标准布朗运动, 假设空间 $\mathcal{L}_2^0:=\mathcal{L}_2^0(Y,X)$ 由所有的 Q-Hilbert-Schmidt 算子 $\varphi:Y\to X$ 构成. 我们知道 $\varphi\in L(Y,X)$ 称为一个 Q-Hilbert-Schmidt 算子, 如果

$$\|\varphi\|_{\mathcal{L}_2^0}^2:=\sum_{n=1}^{\infty}\|\sqrt{\lambda_n}\varphi e_n\|^2<+\infty, \tag{7.2}$$

且空间 $\mathcal{L}_2^0$ 在内积 $\langle\varphi,\psi\rangle_{\mathcal{L}_2^0}=\sum\limits_{n=1}^{\infty}\langle\varphi e_n,\psi e_n\rangle$ 下是一个实可分Hilbert空间.

令 $(\phi(s))_{s\in[0,b]}$ 是一个取值于 $\mathcal{L}_2^0(Y,X)$ 的函数. ϕ 关于 B^H 的积分定义为

$$\int_0^t\phi(s)\mathrm{d}B^H(s)=\sum_{n=1}^{\infty}\int_0^t\sqrt{\lambda_n}(K_H^*(\phi e_n))(s)\mathrm{d}B_n(s). \tag{7.3}$$

引理7.1 [116]　如果 $\varphi:[0,b]\to\mathcal{L}_2^0(Y,X)$ 满足 $\int_0^b\|\varphi(s)\|_{\mathcal{L}_2^0}^2\mathrm{d}s<+\infty$, 则前面提到的和 (7.3) 是有意义的一个 $X-$ 值随机变量, 且有

$$E\|\int_0^t\varphi(s)\mathrm{d}B^H(s)\|^2<c_0H(2H-1)t^{2H-1}\int_0^t\|\varphi(s)\|_{\mathcal{L}_2^0}^2\mathrm{d}s.$$

我们接下来令 $\mathcal{L}_2(\Omega,X)$ 代表所有强可测, 平方可积的 X- 值随机变量构成的集合. 显然, $\mathcal{L}_2(\Omega,X)$ 是一个 Banach 空间, 范数为 $\|x(\cdot)\|_{\mathcal{L}_2(\Omega,X)}=(E|x(\cdot)|)^{\frac{1}{2}}$. 令 $C(J,\mathcal{L}_2(\Omega,X))$

代表所有由 $J=[0,b]$ 到 $\mathcal{L}_2(\Omega,X)$ 的所有 X- 值的连续函数构成的Banach 空间(满足 $\sup_{t\in J}\|x(t)\|^2<+\infty$). 令 $J'=(0,b]$, 为了定义系统(7.1) 的适度解, 我们需要考虑Banach空间 $C_\alpha(J,X)=\{x:t^{1-\alpha}x(t)\in C(J,\mathcal{L}_2(\Omega,X))\}$, 其中范数的定义为

$$\|x\|_{C_\alpha}=(\sup_{t\in J}E\|t^{1-\alpha}x(t)\|^2)^{\frac{1}{2}}.$$

本章我们假定 $0\in\rho(A)$, 其中 $\rho(A)$ 代表 A 的预解集, 则可以在 $D(A^\eta)$ 上定义闭线性分数幂算子 A^η, 其中 $0<\eta\le 1$, 对于解析半群 $\{S(t)\}_{t\ge 0}$, 如下性质成立:

(i) 存在 $M\ge 1$ 使得

$$M:=\sup_{t\in[0,+\infty)}S(t)<\infty;$$

(ii) 对 $\forall\eta\in(0,1]$, 存在正常数 C_η 使得

$$\|A^\eta S(t)\|\le\frac{C_\eta}{t^\eta},\quad 0<t\le b.$$

引理7.2 [5] 算子 $\mathcal{S}_\alpha$ 和 $\mathcal{P}_\alpha$ 有如下性质.

(i) 对任意固定的 $t\ge 0$, $\mathcal{S}_\alpha(t)$ 和 $\mathcal{P}_\alpha(t)$ 是有界线性算子, 即对任意的 $x\in X$,

$$\|\mathcal{S}_\alpha(t)x\|\le M\|x\|\ \ \|\mathcal{P}_\alpha(t)x\|\le\frac{M}{\Gamma(\alpha)}\|x\|$$

.

(ii) $\{\mathcal{S}_\alpha(t)\}_{t\ge 0}$ 和 $\{\mathcal{P}_\alpha(t)\}_{t\ge 0}$ 是强连续的.

(iii) 若 $S(t), t>0$ 是紧的, 则对每一个 $t>0$, $\mathcal{S}_\alpha(t)$ 和 $\mathcal{P}_\alpha(t)$ 是紧算子.

引理7.3 [5] 对任意 $t>0$ 和 $0\le\gamma<1$, 存在常数 $C_\gamma>0$ 使得

$$A\mathcal{P}_\alpha(t)x=A^{1-\gamma}\mathcal{P}_\alpha(t)A^\gamma x,$$

且

$$\|A^\gamma\mathcal{P}_\alpha(t)\|\le\frac{\alpha C_\gamma\Gamma(2-\gamma)}{t^{\alpha\gamma}\Gamma(1+\alpha(1-\gamma))}.$$

引理7.4 若

$$\begin{aligned}x(t)=\ &\frac{t^{\alpha-1}}{\Gamma(\alpha)}[x_0+h(0,x(0))+g(x)]+h(t,x(t))+\frac{1}{\Gamma(\alpha)}\int_0^t(t-s)^{\alpha-1}Ax(s)\mathrm{d}s\\&+\frac{1}{\Gamma(\alpha)}\int_0^t(t-s)^{\alpha-1}F(s,x(s))\mathrm{d}\omega(s)+\frac{1}{\Gamma(\alpha)}\int_0^t(t-s)^{\alpha-1}\sigma(s)\mathrm{d}B_Q^H(s),\ t>0,\end{aligned}$$

则有

$$\begin{aligned} x(t) &= t^{\alpha-1}\mathcal{P}_\alpha(t)[x_0+h(0,x(0))+g(x)]+h(t,x(t)) \\ &+\int_0^t (t-s)^{\alpha-1}\mathcal{P}_\alpha(t-s)F(s,x(s))\mathrm{d}\omega(s) \\ &+\int_0^t (t-s)^{\alpha-1}A\mathcal{P}_\alpha(t-s)h(s,x(s))\mathrm{d}s \\ &+\int_0^t (t-s)^{\alpha-1}\mathcal{P}_\alpha(t-s)\sigma(s)\mathrm{d}B_Q^H(s),\ \ t>0. \end{aligned}$$

证明： 参见文献[5,9], 此处略.

7.3　主要结论

本节给出系统(7.1)适度解的存在性. 系统(7.1)的适度解定义如下.

定义7.1 一个$\mathcal{F}_t$-适应且可测的随机过程$x\in C_\alpha(J,X)$称为(7.1)的适度解, 若$x_0,g\in\mathcal{L}_2^0(\Omega,X)$, 且对每一个$s\in[0,b)$, 函数$(t-s)^{\alpha-1}AT_\alpha(t-s)h(s,x(s))$可积且如下等式成立:

$$\begin{aligned} x(t) &= t^{\alpha-1}\mathcal{P}_\alpha(t)[x_0+h(0,x(0))+g(x)]+h(t,x(t)) \\ &+\int_0^t (t-s)^{\alpha-1}\mathcal{P}_\alpha(t-s)F(s,x(s))\mathrm{d}\omega(s) \\ &+\int_0^t (t-s)^{\alpha-1}A\mathcal{P}_\alpha(t-s)h(s,x(s))\mathrm{d}s \\ &+\int_0^t (t-s)^{\alpha-1}\mathcal{P}_\alpha(t-s)\sigma(s)\mathrm{d}B_Q^H(s),\ \ t\in J', \end{aligned}$$

其中

$$\mathcal{P}_\alpha(t)x=\int_0^\infty \alpha\theta\phi_\alpha(\theta)S(t^\alpha\theta)x\mathrm{d}\theta,\ \phi_\alpha(\theta)=\frac{1}{\alpha}\theta^{-1-\frac{1}{\alpha}}\psi_\alpha(\theta^{\frac{-1}{\alpha}}),$$

其中 Wright-type 函数为:

$$\psi_\alpha(\theta)=\frac{1}{\pi}\sum_{n=1}^{\infty}(-1)^{n-}\theta^{-\alpha n-1}\frac{\Gamma(n\alpha+1)}{n!}\sin(n\pi\alpha),\ \theta\in(0,+\infty),$$

$\phi_\alpha(\theta)\geq 0,\ \theta\in(0,+\infty)$ 且 $\int_0^\infty \phi_\alpha(\theta)\mathrm{d}\theta=1.$

我们引入如下记号:

$\|A^{-\beta}\| = M_0$, $K(\alpha,\beta) = \frac{C_{1-\beta}\Gamma(1+\beta)}{\beta\Gamma(1+\alpha\beta)}$, $c = \frac{\alpha-1}{1-\alpha_1}$, $\Lambda = \frac{b^{(1+c)(2-2\alpha_1)}}{(1+c)^{2-2\alpha_1}}$, $\alpha_1 \in [\frac{1}{2},\alpha)$.

为了建立主要结果, 我们作出如下假设:

(H_1) 对每一个 $t>0$, 半群 $S(t)$ 是紧的;

(H_2) (2a) 对每一个 $x \in X$, 函数 $F(\cdot,x): J \to \mathcal{L}_2^0(Y,X)$ 关于 t 强可测, 且对每一个 $t \in J$, 函数 $F(t,\cdot): X \to \mathcal{L}_2^0(Y,X)$ 关于 x 连续;

(2b) 存在函数 $N(t) \in L^{\frac{1}{2\alpha_1-1}}(J), \alpha_1 \in [\frac{1}{2},\alpha)$ 以及一个连续非降函数 $\vartheta: [0,+\infty) \to (0,+\infty)$, 使得对任意的 $(t,x) \in J \times C_\alpha$, 有

$$E\|F(t,x(t))\|^2 \le N(t) \times \vartheta(\|x\|_{C_\alpha}),\ \lim_{r\to+\infty} \inf \frac{\vartheta(r)}{r} \mathrm{d}s = \Theta < +\infty;$$

(H_3) (3a) $h(t,\cdot): X \to X$ 对每一个 $t \in J$ 连续, 且对每一个 $x \in X$, 函数 $h(\cdot,x): J \to X$ 是强可测的;

(3b) 存在常数 $\beta \in (0,1)$ 和 $L>0$ 使得 $h \in D(A^\beta)$ 且对任意的 $x,y \in X, t \in J$, 函数 $A^\beta h(\cdot,x)$ 强可测, 且对所有 $x,y \in C_\alpha(J,X)$, $t \in J$, 满足

$$E\|A^\beta h(t,x(t)) - A^\beta h(t,y(t))\|^2 \le L\|x-y\|_{C_\alpha},$$

(3c) 存在连续非降函数 $\zeta: [0,+\infty) \to (0,+\infty)$ 和常数 $r>0$, 使得对几乎处处的 $t \in J, x \in C_\alpha(J,X)$, 有

$$E\|A^\beta h(t,x(t))\|^2 \le L(1+\zeta(\|x\|_{C_\alpha})),\ \lim_{r\to+\infty} \inf \frac{\zeta(r)}{r} \mathrm{d}s = \Pi_1 < +\infty;$$

(H_4) $g: X \to \mathcal{L}_0^2(\Omega,X)$ 满足

(4a) 存在连续非降函数 $\mu: [0,+\infty) \to (0,+\infty)$, 使得 $E\|g(x)\|^2 \le \mu(\|x\|_{C_\alpha})$ 对所有的 $x \in X$ 成立, 且存在常数 $r>0$, 使得对几乎处处的 $t \in J, x \in C_\alpha(J,X)$, 有

$$E\|g(x)\|^2 \le L(1+\mu(\|x\|_{C_\alpha})),\ \lim_{r\to+\infty} \inf \frac{\mu(r)}{r} \mathrm{d}s = \Pi_2 < +\infty;$$

(4b) g 是全连续映射;

(H_5) 函数 $\sigma: J \to \mathcal{L}_2^0(Y,X)$ 满足

(5a) $\sum\limits_{n=1}^{\infty} \|\sigma Q^{\frac{1}{2}} e_n\|_{L^2([0,T],X)} < +\infty$;

(5b) 对 $t \in [0,T]$, $\sum\limits_{n=1}^{\infty} \|\sigma(t) Q^{\frac{1}{2}} e_n\|_X$ 是一致收敛的.

(5c) $\int_0^b \|\sigma(s)\|_{\mathcal{L}_2^0}^{\frac{2}{2\alpha_1-1}} \mathrm{d}s < +\infty, \ \forall b > 0.$

定义算子 $\Psi : C_\alpha(J,X) \to C_\alpha(J,X)$ 如下:

$$\begin{aligned}(\Psi x)(t) &= t^{\alpha-1}\mathcal{P}_\alpha(t)[x_0 + h(0,x(0)) + g(x)] + h(t,(t)) \\ &\quad + \int_0^t (t-s)^{\alpha-1} A\mathcal{P}_\alpha(t-s)h(s,x(s))\mathrm{d}s \\ &\quad + \int_0^t (t-s)^{\alpha-1}\mathcal{P}_\alpha(t-s)F(s,x(s))\mathrm{d}\omega(s) \\ &\quad + \int_0^t (t-s)^{\alpha-1}\mathcal{P}_\alpha(t-s)\sigma(s)\mathrm{d}B_Q^H(s), t \in J'.\end{aligned}$$

令

$$\begin{aligned}(\Psi_1 x)(t) &= t^{\alpha-1}\mathcal{P}_\alpha(t)[x_0 + h(0,x(0)) + g(x)] + h(t,x(t)) \\ &\quad + \int_0^t (t-s)^{\alpha-1} A\mathcal{P}_\alpha(t-s)h(s,x(s))\mathrm{d}s, \ \ t \in J', \\ (\Psi_2 x)(t) &= \int_0^t (t-s)^{\alpha-1}\mathcal{P}_\alpha(t-s)F(s,x(s))\mathrm{d}\omega(s) \\ &\quad + \int_0^t (t-s)^{\alpha-1}\mathcal{P}_\alpha(t-s)\sigma(s)\mathrm{d}B_Q^H(s), \ \ t \in J'.\end{aligned}$$

根据假设 (H_3) 以及引理7.3, 可以得到

$$\begin{aligned}&E\|\int_0^t (t-s)^{\alpha-1}A\mathcal{P}_\alpha(t-s)h(s,x(s))\mathrm{d}s\|^2 \\ &\le E\int_0^t \|(t-s)^{\alpha-1}A^{1-\beta}\mathcal{P}_\alpha(t-s)A^\beta h(s,x(s))\|^2\mathrm{d}s \\ &\le \int_0^t \|(t-s)^{\alpha-1}A^{1-\beta}\mathcal{P}_\alpha(t-s)\|\mathrm{d}s \\ &\quad \times \int_0^t (t-s)^{\alpha-1}A^{1-\beta}\mathcal{P}_\alpha(t-s)E\|A^\beta h(s,x(s))\|^2\mathrm{d}s \\ &\le \frac{\alpha^2(C_{1-\beta})^2\Gamma^2(1+\beta)}{\Gamma^2(1+\alpha\beta)} \\ &\quad \times \int_0^t (t-s)^{\alpha\beta-1}\mathrm{d}s\int_0^t (t-s)^{\alpha\beta-1}E\|A^\beta h(s,x(s))\|^2\mathrm{d}s \\ &\le b^{2\alpha\beta}\frac{(C_{1-\beta})^2\Gamma^2(1+\beta)}{\beta^2\Gamma^2(1+\alpha\beta)}L(1+\zeta(\|x\|_{C_\alpha}))\end{aligned}$$

$$= b^{2\alpha\beta}K(\alpha,\beta)L(1+\zeta(\|x\|_{C_\alpha})).$$

根据假设 (H_2), 可以得到

$$\begin{aligned}
&E\|\int_0^t (t-s)^{\alpha-1}\mathcal{P}_\alpha(t-s)F(s,x(s))\mathrm{d}\omega(s)\|^2\\
&\le TrQ\frac{M^2}{\Gamma^2(\alpha)}\int_0^t (t-s)^{2(\alpha-1)}E\|F(s,x(s))\|^2\mathrm{d}s\\
&\le TrQ\frac{M^2}{\Gamma^2(\alpha)}(\int_0^t (t-s)^{\frac{2(\alpha-1)}{2-2\alpha_1}}\mathrm{d}s)^{2-2\alpha_1}\vartheta(\|x\|_{C_\alpha})\|N\|_{L^{\frac{1}{2\alpha_1-1}}}\\
&\le TrQ\frac{M^2}{\Gamma^2(\alpha)}\vartheta(\|x\|_{C_\alpha})\frac{b^{(1+c)(2-2\alpha_1)}}{(1+c)^{2-2\alpha_1}}\|N\|_{L^{\frac{1}{2\alpha_1-1}}}\\
&= TrQ\frac{M^2}{\Gamma^2(\alpha)}\vartheta(\|x\|_{C_\alpha})\Lambda\|N\|_{L^{\frac{1}{2\alpha_1-1}}}.
\end{aligned}$$

对于适度解的最后一项, 由假设 (H_5), 我们得到如下估计

$$\begin{aligned}
&E\|\int_0^t (t-s)^{\alpha-1}\mathcal{P}_\alpha(t-s)\sigma(s)\mathrm{d}B_Q^H(s)\|^2\\
&\le c_0H(2H-1)t^{2H-1}\frac{M^2}{\Gamma^2(\alpha)}\int_0^t (t-s)^{2(\alpha-1)}\|\sigma(s)\|^2_{\mathcal{L}_2^0}\mathrm{d}s\\
&\le c_0H(2H-1)t^{2H-1}\frac{M^2}{\Gamma^2(\alpha)}(\int_0^t (t-s)^{\frac{2(\alpha-1)}{2-2\alpha_1}}\mathrm{d}s)^{2-2\alpha_1}\\
&\times(\int_0^b \|\sigma(s)\|^{\frac{2}{2\alpha_1-1}}\mathrm{d}s)^{2\alpha_1-1}\\
&\le c_0H(2H-1)\frac{M^2}{\Gamma^2(\alpha)}\frac{b^{(1+c)(2-2\alpha_1)+2H-1}}{(1+c)^{2-2\alpha_1}}(\int_0^b \|\sigma(s)\|^{\frac{2}{2\alpha_1-1}}\mathrm{d}s)^{2\alpha_1-1}.
\end{aligned}$$

接下来, 我们给出系统 (7.1) 的适度解的第一个存在性定理.

定理7.1 假定 (H_1) $-$ (H_5) 成立, 则系统 (7.1) 在 J' 上至少有一个适度解, 只要

$$2b^{2(1-\alpha)}M_0L + 2b^{2(1-\alpha+\alpha\beta)}K^2(\alpha,\beta)L < 1$$

且

$$\begin{aligned}
&\frac{15M^2}{\Gamma^2(\alpha)}[M_0^2L\Pi_1 + L\Pi_2] + 5b^{2(1-\alpha)}M_0L\Pi_1 + 5b^{2(1-\alpha+\alpha\beta)}K^2(\alpha,\beta)L\Pi_1\\
&+5b^{2(1-\alpha)}\frac{M^2}{\Gamma^2(\alpha)}\Theta\Lambda\|N\|_{\frac{1}{2\alpha_1-1}} < 1.
\end{aligned}$$

证明:　令 $B_q=\{x\in C_\alpha(J,X),\|x\|_{C_\alpha}\le q\}$, 显然 B_q 是 $C_\alpha(J,X)$ 中的一个有界闭凸子集. 我们将证明分为3 步.

第 1 步. 我们将证明存在常数 $r=r(a)$ 使得 $\Psi(B_r)\subset B_r$.

事实上, 如果此断言不真, 则对每一个正常数 r, 存在某个 $x^{(r)}\in B_r$ 使得 $\Psi(x^{(r)})\notin B_r$, 即

$$\begin{aligned}
r &< \|\Psi(x^{(r)})\|_{C_\alpha}^2\\
&\le \sup_{t\in J'} t^{2(1-\alpha)}\Big\{5E\|t^{\alpha-1}\mathcal{P}_\alpha(t)[x_0+h(0,x^{(r)}(0))+g(x^{(r)})]\|^2\\
&\quad +5E\|h(t,x^{(r)}(t))\|^2\\
&\quad +5E\|\int_0^t(t-s)^{\alpha-1}A\mathcal{P}_\alpha(t-s)h(s,x^{(r)}(s))\mathrm{d}s\|^2\\
&\quad +5E\|\int_0^t(t-s)^{\alpha-1}\mathcal{P}_\alpha(t-s)F(s,x^{(r)}(s))\mathrm{d}\omega(s)\|^2\\
&\quad +5E\|\int_0^t(t-s)^{\alpha-1}\mathcal{P}_\alpha(t-s)\sigma(s)\mathrm{d}B_Q^H(s)\|^2\Big\}\\
&\le \frac{5M^2}{\Gamma^2(\alpha)}[3E\|x_0\|^2+3M_0^2L(1+\zeta(r))+3L(1+\mu(r))]\\
&\quad +5b^{2(1-\alpha)}M_0^2L(1+\zeta(r))+5b^{2(1-\alpha+\alpha\beta)}K^2(\alpha,\beta)L(1+\zeta(r))\\
&\quad +5b^{2(1-\alpha)}TrQ\frac{M^2}{\Gamma^2(\alpha)}\vartheta(r)\Lambda\|N\|_{L^{\frac{1}{2\alpha_1-1}}}\\
&\quad +5c_0H(2H-1)\frac{M^2}{\Gamma^2(\alpha)}\frac{b^{(1+c)(2-2\alpha_1)+2H+1-2\alpha}}{(1+c)^{2-2\alpha_1}}\Big(\int_0^b\|\sigma(s)\|^{\frac{2}{2\alpha_1-1}}\mathrm{d}s\Big)^{2\alpha_1-1}.
\end{aligned}$$

两边同时除以 r 并令 $r\to+\infty$ 得到

$$\begin{aligned}
&\frac{15M^2}{\Gamma^2(\alpha)}[M_0^2L\Pi_1+L\Pi_2]+5b^{2(1-\alpha)}M_0L\Pi_1+5b^{2(1-\alpha+\alpha\beta)}K^2(\alpha,\beta)L\Pi_1\\
&\quad +5b^{2(1-\alpha)}\frac{M^2}{\Gamma^2(\alpha)}\Theta\Lambda\|N\|_{\frac{1}{2\alpha_1-1}}>1.
\end{aligned}$$

这与假设 (H_6) 矛盾, 这表明存在常数 r 使得 Ψ 映 B_r 到自身.

第2步. 我们证明 Ψ_1 在 B_r 上是压缩的.

对任意的 $x,y\in B_r$, 我们得到

$$\begin{aligned}
&\|(\Psi_1x)(t)-(\Psi_1y)(t)\|_{C_\alpha}^2\\
&=\sup_{t\in J'}t^{2(1-\alpha)}E\|(\Psi_1x)(t)-(\Psi_2x)(t)\|^2
\end{aligned}$$

$$
\begin{aligned}
&\leq \sup_{t\in J'} 2t^{2(1-\alpha)}E\|h(t,x(t))-h(t,y(t))\|^2\\
&\quad+\sup_{t\in J'} 2t^{2(1-\alpha)}E\|\int_0^t (t-s)^{\alpha-1}A\mathcal{P}_\alpha(t-s)[h(s,x(s))-h(s,y(s))]\mathrm{d}s\|^2\\
&\leq \sup_{t\in J'} 2t^{2(1-\alpha)}\|A^{-\beta}\|^2E\|A^\beta h(t,x(t))-A^\beta h(t,y(t))\|^2\\
&\quad+\sup_{t\in J'} 2t^{2(1-\alpha)}\int_0^t (t-s)^{\alpha-1}A^{1-\beta}E_{\alpha,\alpha}(t-s)\mathrm{d}s\\
&\quad\times\int_0^t (t-s)^{\alpha-1}A^{1-\beta}\mathcal{P}_\alpha(t-s)E\|A^\beta h(s,x(s))-A^\beta h(s,y(s))\|^2\mathrm{d}s\\
&\leq 2b^{2(1-\alpha)}M_0^2L\|x-y\|_{C_{1-\alpha}}+2b^{2(1-\alpha+\alpha\beta)}K^2(\alpha,\beta)L\|x-y\|_{C_\alpha}\\
&=[2b^{2(1-\alpha)}M_0^2L+2b^{2(1-\alpha+\alpha\beta)}K^2(\alpha,\beta)L]\|x-y\|_{C_\alpha}.
\end{aligned}
$$

因而, 由定理 7.1 的假设, Ψ_1 是压缩的.

第3步. Ψ_2 是全连续的.

为了证明这一结论, 我们将证明分为 3 个断言.

断言 1. Ψ_2 将 $C_\alpha(J,X)$ 中的有界集映为一致有界集.

我们只需证明存在常数 $\Delta>0$ 使得对每一个 Ψ_2x, $x\in B_r$, $\|\Psi_2x\|_{C_\alpha}\leq\Delta$ 成立. 事实上, 对每一个 $t\in J'$, 利用 Hölder 不等式可以得出:

$$
\begin{aligned}
\|\Psi_2x\|_{C_\alpha}^2&=\sup_{t\in J'} t^{2(1-\alpha)}E\|t^{\alpha-1}\mathcal{P}_\alpha(t)[x_0+h(0,x(0))+g(x)]\\
&\quad+\int_0^t (t-s)^{\alpha-1}\mathcal{P}_\alpha(t-s)F(s,x(s))\mathrm{d}\omega(s)\\
&\quad+\int_0^t (t-s)^{\alpha-1}\mathcal{P}_\alpha(t-s)\sigma(s)\mathrm{d}B_Q^H\|^2\\
&\leq 3\frac{M^2}{\Gamma^2(\alpha)}E\|x_0+h(0,x(0))+g(x)\|^2\\
&\quad+3b^{2(1-\alpha)}TrQ\frac{M^2}{\Gamma^2(\alpha)}\vartheta(r)\Lambda\|N\|_{L^{\frac{1}{2\alpha_1-1}}}\\
&\quad+3b^{2H+1-2\alpha}c_0H(2H-1)\frac{M^2}{\Gamma^2(\alpha)}\frac{b^{(1+c)(2-2\alpha_1)}}{(1+c)^{2-2\alpha_1}}(\int_0^b\|\sigma(s)\|^{\frac{2}{2\alpha_1-1}}\mathrm{d}s)^{2\alpha_1-1}\\
&\leq 3\frac{M^2}{\Gamma^2(\alpha)}[3E\|x_0\|^2+3M_0^2L(1+\zeta(r))+3L(1+\mu(r))]\\
&\quad+3b^{2-2\alpha}TrQ\frac{M^2}{\Gamma^2(\alpha)}\vartheta(r)\Lambda\|N\|_{L^{\frac{1}{2\alpha_1-1}}}
\end{aligned}
$$

$$+3b^{2H+1-2\alpha}c_0H(2H-1)\frac{M^2}{\Gamma^2(\alpha)}\frac{b^{(1+c)(2-2\alpha_1)}}{(1+c)^{2-2\alpha_1}}(\int_0^b\|\sigma(s)\|^{\frac{2}{2\alpha_1-1}}\mathrm{d}s)^{2\alpha_1-1}$$
$$:=\Delta.$$

因而, 对每一个 $\rho\in\Psi_2x$, 有 $\|\rho(t)\|_{C_\alpha}\leq\Delta$.

断言2. $\Psi_2(B_r)$ 在 B_r 上等度连续.

令 $\bar{E}=\{y\in C(J,X):y(t)=t^{1-\alpha}(\Psi_2x)(t),y(0)=y(0^+)\ ,\ x\in B_r\}$, 对 $t_1=0$, $0<t_2\leq b$, 我们得到当 $t_2\to t_1=0$时,

$$E\|y(t_2)-y(0)\|^2\leq3\|[\mathcal{P}_\alpha(t_2)-\mathcal{P}_\alpha(0)][x_0+h(0,x(0))+g(x)]\|^2$$
$$+3t_2^{1-\alpha}\|\int_0^{t_2}(t_2-s)^{\alpha-1}\mathcal{P}_\alpha(t_2-s)F(s,x(s))\mathrm{d}\omega(s)\|^2$$
$$+3t_2^{1-\alpha}\|\int_0^{t_2}(t_2-s)^{\alpha-1}\mathcal{P}_\alpha(t_2-s)\sigma(s)\mathrm{d}B_Q^H(s)\|^2\to0,.$$

对于$0<t_1<t_2\leq b$, $\{\mathcal{P}_\alpha(t):t\geq0\}$ 的强连续性表明存在常数$\delta>0$ 使得当$|t_2-t_1|<\delta$时, 有$\|\mathcal{P}_\alpha(t_1)-\mathcal{P}_\alpha(t_2)\|<\tau$. 另外, 注意到$c=\frac{\alpha-1}{1-\alpha_1}$, 则对于$\forall\, x\in B_r$, 可以得到

$$E\|y(t_2)-y(t_1)\|^2$$
$$\leq9E\|\mathcal{P}_\alpha(t_2)[x_0+h(0,x(0))+g(x)]-\mathcal{P}_\alpha(t_1)[x_0+h(0,x(0))+g(x)]\|^2$$
$$+9E\|\int_0^{t_1}[t_2^{1-\alpha}(t_2-s)^{\alpha-1}-t_1^{1-\alpha}(t_1-s)^{\alpha-1}]\mathcal{P}_\alpha(t_2-s)F(s,x(s))\mathrm{d}\omega(s)\|^2$$
$$+9E\|\int_0^{t_1}[t_2^{1-\alpha}(t_2-s)^{\alpha-1}-t_1^{1-\alpha}(t_1-s)^{\alpha-1}]\mathcal{P}_\alpha(t_2-s)\sigma(s)\mathrm{d}B_Q^H(s)\|^2$$
$$+9E\|\int_0^{t_1-\varepsilon}t_1^{1-\alpha}(t_1-s)^{\alpha-1}[\mathcal{P}_\alpha(t_2-s)-\mathcal{P}_\alpha(t_1-s)]F(s,x(s))\mathrm{d}\omega(s)\|^2$$
$$+9E\|\int_0^{t_1-\varepsilon}t_1^{1-\alpha}(t_1-s)^{\alpha-1}[\mathcal{P}_\alpha(t_2-s)-\mathcal{P}_\alpha(t_1-s)]\sigma(s)\mathrm{d}B_Q^H(s)\|^2$$
$$+9E\|\int_{t_1-\varepsilon}^{t_1}t_1^{1-\alpha}(t_1-s)^{\alpha-1}[\mathcal{P}_\alpha(t_2-s)-\mathcal{P}_\alpha(t_1-s)]F(s,x(s))\mathrm{d}\omega(s)\|^2$$
$$+9E\|\int_{t_1-\varepsilon}^{t_1}t_1^{1-\alpha}(t_1-s)^{\alpha-1}[\mathcal{P}_\alpha(t_2-s)-\mathcal{P}_\alpha(t_1-s)]\sigma(s)\mathrm{d}B_Q^H(s)\|^2$$
$$+9E\|\int_{t_1}^{t_2}t_2^{1-\alpha}(t_2-s)^{\alpha-1}\mathcal{P}_\alpha(t_2-s)F(s,x(s))\mathrm{d}\omega(s)\|^2$$
$$+9E\|\int_{t_1}^{t_2}t_2^{1-\alpha}(t_2-s)^{\alpha-1}\mathcal{P}_\alpha(t_2-s)\sigma(s)\mathrm{d}B_Q^H(s)\|^2$$

$$
\begin{aligned}
&\leq 9\|\mathcal{P}_\alpha(t_2)-\mathcal{P}_\alpha(t_1)\|^2E\|x_0+h(0,x(0))+g(x)\|^2\\
&\quad+9TrQ\int_0^{t_1}\|t_2^{1-\alpha}(t_2-s)^{\alpha-1}-t_1^{1-\alpha}(t_1-s)^{\alpha-1}\|^2\\
&\qquad\times\|\mathcal{P}_\alpha(t_2-s)\|^2E\|F(s,x(s))\|^2\mathrm{d}s\\
&\quad+9c_0H(2H-1)t_1^{2H-1}\int_0^{t_1}\|t_2^{1-\alpha}(t_2-s)^{\alpha-1}-t_1^{1-\alpha}(t_1-s)^{\alpha-1}\|^2\\
&\qquad\times\|\mathcal{P}_\alpha(t_2-s)\|^2\|\sigma(s)\|^2_{\mathcal{L}_0^2}\mathrm{d}s\\
&\quad+9\sup_{[0,t_1-\varepsilon]}\|\mathcal{P}_\alpha(t_2-s)-\mathcal{P}_\alpha(t_1-s)\|^2TrQ\vartheta(r)\|N\|_{L^{\frac{1}{2\alpha_1-1}}}\\
&\qquad\times[\frac{t_1^{(1+c)(2-2\alpha_1)}}{(1+c)^{2-2\alpha_1}}-\frac{\varepsilon^{(1+c)(2-2\alpha_1)}}{(1+c)^{2-2\alpha_1}}]\\
&\quad+9c_0H(2H-1)b^{2H-1}\sup_{[0,t_1-\varepsilon]}\|\mathcal{P}_\alpha(t_2-s)-\mathcal{P}_\alpha(t_1-s)\|^2\\
&\qquad\times[\frac{t_1^{(1+c)(2-2\alpha_1)}}{(1+c)^{2-2\alpha_1}}-\frac{\varepsilon^{(1+c)(2-2\alpha_1)}}{(1+c)^{2-2\alpha_1}}](\int_0^b\|\sigma(s)\|^{\frac{2}{2\alpha_1-1}}\mathrm{d}s)^{2\alpha_1-1}\\
&\quad+9TrQ\frac{4M^2}{\Gamma^2(\alpha)}\int_{t_1-\varepsilon}^{t_1}t_1^{2(1-\alpha)}(t_1-s)^{2(\alpha-1)}E\|F(s,x(s))\|^2\mathrm{d}s\\
&\quad+9c_0H(2H-1)t_1^{2H-1}\frac{4M^2}{\Gamma^2(\alpha)}\int_{t_1-\varepsilon}^{t_1}t_1^{2(1-\alpha)}(t_1-s)^{2(\alpha-1)}\|\sigma(s)\|^2_{\mathcal{L}_2^0}\mathrm{d}s\\
&\quad+9TrQ\frac{M^2}{\Gamma^2(\alpha)}b^{2-2\alpha}\int_{t_1}^{t_2}(t_2-s)^{2(\alpha-1)}E\|F(s,x(s))\|^2\mathrm{d}s\\
&\quad+9c_0H(2H-1)\frac{M^2}{\Gamma^2(\alpha)}b^{2H+1-2\alpha}\int_{t_1}^{t_2}(t_2-s)^{2(\alpha-1)}\|\sigma(s)\|^2_{\mathcal{L}_2^0}\mathrm{d}s\\
&=9\sum_{i=1}^{9}I_i,
\end{aligned}
$$

其中

$$
\begin{aligned}
I_1&=\|\mathcal{P}_\alpha(t_2)-\mathcal{P}_\alpha(t_1)\|^2E\|x_0+h(0,x(0))+g(x)\|^2,\\
I_2&=TrQ\int_0^{t_1}\|t_2^{1-\alpha}(t_2-s)^{\alpha-1}-t_1^{1-\alpha}(t_1-s)^{\alpha-1}\|^2\\
&\qquad\times\|\mathcal{P}_\alpha(t_2-s)\|^2E\|F(s,x(s))\|^2\mathrm{d}s,\\
I_3&=c_0H(2H-1)t_1^{2H-1}\int_0^{t_1}\|t_2^{1-\alpha}(t_2-s)^{\alpha-1}-t_1^{1-\alpha}(t_1-s)^{\alpha-1}\|^2\\
&\qquad\times\|\mathcal{P}_\alpha(t_2-s)\|^2\|\sigma(s)\|^2\mathrm{d}s,\\
I_4&=\sup_{[0,t_1-\varepsilon]}\|\mathcal{P}_\alpha(t_2-s)-\mathcal{P}_\alpha(t_1-s)\|^2TrQ\vartheta(r)\|N\|_{L^{\frac{1}{2\alpha_1-1}}}
\end{aligned}
$$

$$\times[\frac{t_1^{(1+c)(2-2\alpha_1)}}{(1+c)^{2-2\alpha_1}}-\frac{\varepsilon^{(1+c)(2-2\alpha_1)}}{(1+c)^{2-2\alpha_1}}],$$

$$I_5=c_0H(2H-1)b^{2H-1}\sup_{[0,t_1-\varepsilon]}\|\mathcal{P}_\alpha(t_2-s)-\mathcal{P}_\alpha(t_1-s)\|^2$$

$$\times[\frac{t_1^{(1+c)(2-2\alpha_1)}}{(1+c)^{2-2\alpha_1}}-\frac{\varepsilon^{(1+c)(2-2\alpha_1)}}{(1+c)^{2-2\alpha_1}}](\int_0^b\|\sigma(s)\|^{\frac{2}{2\alpha_1-1}}\mathrm{d}s)^{2\alpha_1-1},$$

$$I_6=TrQ\frac{4M^2}{\Gamma^2(\alpha)}\int_{t_1-\varepsilon}^{t_1}t_1^{2(1-\alpha)}(t_1-s)^{2(\alpha-1)}E\|F(s,x(s))\|^2\mathrm{d}s$$

$$\leq TrQ\frac{4M^2}{\Gamma^2(\alpha)}t_1^{2-2\alpha}\frac{\varepsilon^{(1+c)(2-2\alpha_1)}}{(1+c)^{2-2\alpha_1}}\vartheta(r)\|N\|_{L^{\frac{1}{2\alpha_1-1}}}$$

$$I_7=c_0H(2H-1)t_1^{2H-1}\frac{4M^2}{\Gamma^2(\alpha)}\int_{t_1-\varepsilon}^{t_1}t_1^{2(1-\alpha)}(t_1-s)^{2(\alpha-1)}\|\sigma(s)\|^2_{\mathcal{L}_2^0}\mathrm{d}s$$

$$\leq c_0H(2H-1)t_1^{2H+1-2\alpha}\frac{4M^2}{\Gamma^2(\alpha)}\frac{\varepsilon^{(1+c)(2-2\alpha_1)}}{(1+c)^{2-2\alpha_1}}(\int_0^b\|\sigma(s)\|^{\frac{2}{2\alpha_1-1}}\mathrm{d}s)^{2\alpha_1-1},$$

$$I_8=TrQ\frac{M^2}{\Gamma^2(\alpha)}b^{2-2\alpha}\int_{t_1}^{t_2}(t_2-s)^{2(\alpha-1)}E\|F(s,x(s))\|^2\mathrm{d}s$$

$$\leq TrQ\frac{M^2}{\Gamma^2(\alpha)}b^{2-2\alpha}\frac{(t_2-t_1)^{(1+c)(2-2\alpha_1)}}{(1+c)^{2-2\alpha_1}}\vartheta(r)\|N\|_{L^{\frac{1}{2\alpha_1-1}}},$$

$$I_9=c_0H(2H-1)\frac{M^2}{\Gamma^2(\alpha)}b^{2H+1-2\alpha}\int_{t_1}^{t_2}(t_2-s)^{2(\alpha-1)}\|\sigma(s)\|^2_{\mathcal{L}_2^0}\mathrm{d}s$$

$$\leq c_0H(2H-1)\frac{M^2}{\Gamma^2(\alpha)}b^{2H+1-2\alpha}\frac{(t_2-t_1)^{(1+c)(2-2\alpha_1)}}{(1+c)^{2-2\alpha_1}}(\int_0^b\|\sigma(s)\|^{\frac{2}{2\alpha_1-1}}\mathrm{d}s)^{2\alpha_1-1}.$$

由 $p\in(0,\alpha)$, 可以得到 $(1+c)(2-2\alpha_1)>0$, 因而当 $t_2-t_1\to 0$ 且 $\varepsilon\to 0$ 时, 可得 I_6-I_9 均趋于0. 同时, $\{\mathcal{P}_\alpha(t):\ t\geq 0\}$ 的强连续性表明当 $\delta\to 0$ 时, $\|\mathcal{P}_\alpha(t_2-s)-\mathcal{P}_\alpha(t_1-s)\|^2\to 0$.

可以得出当 $t_2-t_1\to 0$时, I_1,I_4,I_5 均趋于0.

对于 I_2, 通过计算以及 $p\in(0,\alpha)$, 我们得到

$$\begin{aligned}I_2 &\leq TrQ\int_0^{t_1}\|t_2^{1-\alpha}(t_2-s)^{\alpha-1}-t_1^{1-\alpha}(t_1-s)^{\alpha-1}\|^2\\&\quad\times\|\mathcal{P}_\alpha(t_2-s)\|^2E\|F(s,x(s))\|^2\mathrm{d}s\\&\leq TrQ\frac{M^2}{\Gamma^2(\alpha)}\int_0^{t_1}\|t_2^{1-\alpha}(t_2-s)^{\alpha-1}-t_1^{1-\alpha}(t_1-s)^{\alpha-1}\|^2E\|F(s,x(s))\|^2\mathrm{d}s\\&\leq TrQ\frac{M^2}{\Gamma^2(\alpha)}\frac{1}{(1+c)^{2-2\alpha_1}}\Big[(t_2-t_1)^{(1+c)(2-2\alpha_1)}\end{aligned}$$

$$+t_1^{(1+c)(2-2\alpha_1)}-t_2^{(1+c)(2-2\alpha_1)}\Big]\times\vartheta(\|x\|_{C_\alpha})\|N\|_{L^{\frac{1}{2\alpha_1-1}}}.$$

因而, 当 $t_2-t_1\to 0$时, I_2 趋于0. 类似地, 我们可以得到,当 $t_2-t_1\to 0$时, I_3 趋于0. 因此, 根据 E 和 $\{\Psi_2 x: x\in B_r\}$ 的关系, 我们得到 Ψ_2 在 B_r 上等度连续.

断言3. $V(t)=\{(\Psi_2 x)(t),\ x\in B_r\}$ 在 X 中相对紧.

令 $0<t\leq b$, 对于 $\forall\,\lambda\in(0,t)$ 和 $\forall\,\delta>0,\ x\in B_r$, 定义算子

$$\begin{aligned}
&(\Psi_2^{\lambda,\delta}x)(t)=t^{1-\alpha}\mathcal{P}_\alpha(t)[x_0+h(0,x(0))+g(x)]\\
&+\alpha\int_0^{t-\lambda}\int_\delta^\infty\theta(t-s)^{\alpha-1}\phi_\alpha(\theta)S((t-s)^\alpha\theta)F(s,x(s))\mathrm{d}\omega(s)\\
&+\alpha\int_0^{t-\lambda}\int_\delta^\infty\theta(t-s)^{\alpha-1}\phi_\alpha(\theta)S((t-s)^\alpha\theta)\sigma(s)\mathrm{d}B_Q^H(s)\\
=\;&t^{1-\alpha}\mathcal{P}_\alpha(t)[x_0+h(0,x(0))+g(x)]\\
&+\alpha S(\lambda^\alpha\theta)\int_0^{t-\lambda}\int_\delta^\infty\theta(t-s)^{\alpha-1}\phi_\alpha(\theta)S((t-s)^\alpha\theta-\lambda^\alpha\theta)F(s,x(s))\mathrm{d}\omega(s)\\
&+\alpha S(\lambda^\alpha\theta)\int_0^{t-\lambda}\int_\delta^\infty\theta(t-s)^{\alpha-1}\phi_\alpha(\theta)S((t-s)^\alpha\theta-\lambda^\alpha\theta)\sigma(s)\mathrm{d}B_Q^H(s).
\end{aligned}$$

由 $S(\lambda^\alpha\delta),\ \lambda^\alpha\delta>0$ 的紧性, 可以得到对于 $\forall\,\lambda\in(0,t)$ 和 $\forall\,\delta>0$, 集合$V^{\lambda,\delta}(t)=\{(\Psi_2^{\lambda,\delta}x)(t),x\in B_r\}$ 在 X 中相对紧.

另外, 对每一个 $x\in B_r$, 我们有

$$\begin{aligned}
&\|(\Psi_2 x)(t)-(\Psi_2^{\lambda,\delta}x)(t)\|_{C_\alpha}\\
&=\sup_{t\in J'}t^{2(1-\alpha)}E\|\int_0^t\int_0^\delta\alpha\theta(t-s)^{\alpha-1}\phi_\alpha(\theta)S((t-s)^\alpha\theta)F(s,x(s)\mathrm{d}\omega(s)\\
&\quad+\int_0^t\int_\delta^\infty\alpha\theta(t-s)^{\alpha-1}\phi_\alpha(\theta)S((t-s)^\alpha\theta)F(s,x(s)\mathrm{d}\omega(s)\\
&\quad+\int_0^t\int_\delta^\infty\alpha\theta(t-s)^{\alpha-1}\phi_\alpha(\theta)S((t-s)^\alpha\theta)\sigma(s)\mathrm{d}B_Q^H(s)\\
&\quad-\int_0^{t-\lambda}\int_\delta^\infty\alpha\theta(t-s)^{\alpha-1}\phi_\alpha(\theta)S((t-s)^\alpha\theta)F(s,x(s)\mathrm{d}\omega(s)\\
&\quad-\int_0^{t-\lambda}\int_\delta^\infty\alpha\theta(t-s)^{\alpha-1}\phi_\alpha(\theta)S((t-s)^\alpha\theta)\sigma(s)\mathrm{d}B_Q^H(s)\|^2\\
&\leq 4\alpha^2\sup_{t\in J'}t^{2(1-\alpha)}E\|\int_0^t\int_0^\delta\theta(t-s)^{\alpha-1}\phi_\alpha(\theta)S((t-s)^\alpha\theta)F(s,x(s)\mathrm{d}\omega(s)\|^2
\end{aligned}$$

$$
\begin{aligned}
&+4\alpha^2 \sup_{t\in J'} t^{2(1-\alpha)} E\|\int_0^t\int_0^\delta \theta(t-s)^{\alpha-1}\phi_\alpha(\theta)S((t-s)^\alpha\theta)\sigma(s)\mathrm{d}B_Q^H(s)\|^2 \\
&+4\alpha^2 \sup_{t\in J'} t^{2(1-\alpha)} E\|\int_{t-\lambda}^t\int_\delta^\infty \theta(t-s)^{\alpha-1}\phi_\alpha(\theta)S((t-s)^\alpha\theta)F(s,x(s)\mathrm{d}\omega(s)\mathrm{d}s\|^2 \\
&+4\alpha^2 \sup_{t\in J'} t^{2(1-\alpha)} E\|\int_{t-\lambda}^t\int_\delta^\infty \theta(t-s)^{\alpha-1}\phi_\alpha(\theta)S((t-s)^\alpha\theta)\sigma(s)\mathrm{d}B_Q^H(s)\|^2 \\
\le\ & 4\alpha^2 b^{2-2\alpha}M^2 TrQ\Lambda\vartheta(r)\|N\|_{L^{\frac{1}{2\alpha_1-1}}}(\int_0^\delta \theta\phi_\alpha(\theta)\mathrm{d}\theta)^2 \\
&+4\alpha^2 c_0 H(2H-1)b^{2H+1-2\alpha}M^2\Lambda(\int_0^\delta \theta\phi_\alpha(\theta)\mathrm{d}\theta)^2 \\
&\times(\int_0^t \|\sigma(s)\|^{\frac{2}{2\alpha_1-1}}\mathrm{d}s)^{2\alpha_1-1} \\
&+4\alpha^2 b^{2-2\alpha}M^2 TrQ\vartheta(r)\|N\|_{L^{\frac{1}{2\alpha_1-1}}}\frac{1}{\Gamma^2(\alpha+1)}\frac{\lambda^{(1+c)(2-2\alpha_1)}}{(1+c)^{2-2\alpha_1}} \\
&+4\alpha^2 c_0 H(2H-1)b^{2H+1-2\alpha}M^2\frac{1}{\Gamma^2(\alpha+1)}\frac{\lambda^{(1+c)(2-2\alpha_1)}}{(1+c)^{2-2\alpha_1}} \\
&\times(\int_0^\lambda \|\sigma(s)\|^{\frac{2}{2\alpha_1-1}}\mathrm{d}s)^{2\alpha_1-1},
\end{aligned}
$$

其中上式用到了等式

$$
\int_0^\infty \theta^\xi\phi_\alpha(\theta)\mathrm{d}\theta=\int_0^\infty \frac{1}{\theta^{\alpha\xi}}\psi_\alpha(\theta)\mathrm{d}\theta=\frac{\Gamma(1+\xi)}{\Gamma(1+\alpha\xi)},\ \ \xi\in[0,1].
$$

容易得到,当$\lambda,\delta\to 0$时, 上述不等式右边趋于0. 所以可得到当$\lambda,\delta\to 0^+$ 时, $\|(\Psi_2x)(t)-(\Psi_2^{\lambda,\delta}x)(t)\|_{C_\alpha}\to 0$. 从而存在相对紧集可任意逼近集合$V(t)=\{(\Psi_2x)(t),\ x\in B_r)\}$. 因此, $V(t)=\{(\Psi_2x)(t),\ x\in B_r\}$ 在 X 中相对紧.

从而由断言 1—3 以及 Arzola-Ascoli 定理, 得到 Ψ_2 是全连续映射. 由 Krasnoselskii's 不动点原理, 我们得到算子方程 $\Psi x=\Psi_1x+\Psi_2x$ 在 B_r 中有一个不动点, 此不动点恰好好是系统 (7.1) 的适度解. 证毕. □

为了给出最后一个存在性定理, 我们作如下假设:

(H_1) 对于 $t\ge 0$, $S(t)$ 在一致算子拓扑意义上是连续的, 且 $\{S(t)\}_{t\ge 0}$ 是一致有界的, 即, 存在 $M\ge 1$ 使得 $\sup_{t\in[0,+\infty)}|S(t)|\le M$;

(H_2) 存在正常数 L 使得对任意的 $x_1,x_2\in C_\alpha(J,X)$, 有 $E\|g(x_1)-g(x_2)\|^2\le L\|x_1-x_2\|_{C_\alpha}$;

(H_3) 存在函数 $N_1(t)\in L^{\frac{1}{2\alpha_1-1}}(J),\alpha_1\in[\frac{1}{2},\alpha)$, 使得对任意的 $x,y\in X,\ t\in J$, 有

$$E\|F(t,x(t))-F(t,y(t))\|^2\le N_1(t)\cdot\|x-y\|_{C_\alpha}.$$

为了方便, 令

$$\begin{aligned}M^{'} \;=\;& 4b^{2(1-\alpha)}\frac{M^2}{\Gamma^2(\alpha)}L+4b^{2(1-\alpha)}M_0^2L+4b^{2(1-\alpha+\alpha\beta)}K^2(\alpha,\beta)L\\&+4b^{2(1-\alpha)}TrQ\frac{M^2}{\Gamma^2(\alpha)}\Lambda\|N_1\|_{L^{\frac{1}{2\alpha_1-1}}}.\end{aligned}$$

接下来, 基于Banach压缩映像原理, 给出系统(7.1)的最后一个存在唯一性定理.

定理7.4 假定(H_0), (H_2) − (H_7)成立, 则只要 $M^{'}<1$, 系统(7.1) 在 B_r 上有且仅有一个适度解.

证明: 算子 Ψ 仍由定理7.1表示, 通过和定理7.1相似的论证, 我们得到算子 Ψ 映 B_r 到自身, 其中 B_r 仍由定理7.1中定义.

另外, 我们有

$$\begin{aligned}&\|(\Psi x)(t)-(\Psi y)(t)\|_{C_\alpha}^2\\&=\sup_{t\in J'}t^{2(1-\alpha)}E\|(\Psi x)(t)-(\Psi y)(t)\|^2\\&\le 4\sup_{t\in J'}t^{2(1-\alpha)}E\|\mathcal{P}_\alpha(t)[g(x)-g(y)]\|^2\\&\quad+4\sup_{t\in J'}t^{2(1-\alpha)}E\|h(t,x(t))-h(t,y(t))\|^2\\&\quad+4\sup_{t\in J'}t^{2(1-\alpha)}E\|\int_0^t(t-s)^{\alpha-1}A\mathcal{P}_\alpha(t-s)[h(s,x(s))-h(s,y(s))]\mathrm{d}s\|^2\\&\quad+4\sup_{t\in J'}t^{2(1-\alpha)}E\|\int_0^t(t-s)^{\alpha-1}\mathcal{P}_\alpha(t-s)[F(s,x(s))-F(s,y(s))]\mathrm{d}\omega(s)\|^2\\&\le 4\sup_{t\in(0,b]}t^{2(1-\alpha)}\frac{M^2}{\Gamma^2(\alpha)}E\|g(x)-g(y)\|^2\\&\quad+4\sup_{t\in J'}t^{2(1-\alpha)}\|A^{-\beta}\|^2E\|A^\beta h(t,x(t))-A^\beta h(t,y(t))\|^2\\&\quad+4\sup_{t\in J'}t^{2(1-\alpha)}\int_0^t\|(t-s)^{\alpha-1}A^{1-\beta}E_{\alpha,\alpha}(t-s)\|\mathrm{d}s\\&\quad\times\int_0^t(t-s)^{\alpha-1}A^{1-\beta}\mathcal{P}_\alpha(t-s)E\|A^\beta h(s,x(s))-A^\beta h(s,y(s))\|^2\mathrm{d}s\end{aligned}$$

$$
\begin{aligned}
&+4\sup_{t\in(0,b]} TrQ\frac{M^2}{\Gamma^2(\alpha)}\int_0^t (t-s)^{2\alpha-2}E\|F(s,x(s))-F(s,y(s))\|^2\mathrm{d}s\\
&\leq 4b^{2(1-\alpha)}\frac{M^2}{\Gamma^2(\alpha)}L\|x-y\|_{C_\alpha}+4b^{2(1-\alpha)}M_0^2L\|x-y\|_{C_\alpha}\\
&+4b^{2(1-\alpha+\alpha\beta)}K^2(\alpha,\beta)L\|x-y\|_{C_\alpha}\\
&+4b^{2(1-\alpha)}TrQ\frac{M^2}{\Gamma^2(\alpha)}\frac{b^{(1+c)(2-2\alpha_1)}}{(1+c)^{2-2\alpha_1}}\|N_1\|_{L^{\frac{1}{2\alpha_1-1}}}\|x-y\|_{C_\alpha}\\
&=\left[4b^{2(1-\alpha)}\frac{M^2}{\Gamma^2(\alpha)}L+4b^{2(1-\alpha)}M_0^2L+4b^{2(1-\alpha+\alpha\beta)}K^2(\alpha,\beta)L\right.\\
&\left.+4b^{2(1-\alpha)}TrQ\frac{M^2}{\Gamma^2(\alpha)}\Lambda\|N_1\|_{L^{\frac{1}{2\alpha_1-1}}}\right]\|x-y\|_{C_\alpha}\\
&<\|x-y\|_{C_\alpha}.
\end{aligned}
$$

因此, 根据 Banach 压缩映像原理得到 Ψ 在 B_r 中有唯一的不动点, 此不动点恰好是系统 (7.1) 的适度解. 证毕. □

7.4 实例

接下来, 我们利用之前得到的理论来验证所得结果的可行性. 考虑如下系统

$$
\begin{cases}
{}^L\mathcal{D}^{\frac{3}{4}}[u(t,z)-\int_0^\pi W(z,y)u(t,y)\mathrm{d}y]=u_{zz}(t,z)+\hat{F}(t,u(t)(z)\frac{\mathrm{d}\omega(t)}{\mathrm{d}t},\\
\qquad\qquad +\hat{\sigma}(t,u(t)(z)\frac{\mathrm{d}B_Q^H(t)}{\mathrm{d}t}\quad t\in(0,b],\ z\in[0,\pi],\\
u(t,0)=u(t,\pi)=0,\quad t\in J=[0,b],\\
\mathcal{I}^{\frac{1}{4}}(u(t,z)-\sum\limits_{i=1}^{n}\int_0^\pi k(z,y)u(t_i,y)\mathrm{d}y)=u_0(z),\quad z\in[0,\pi],
\end{cases}
\tag{7.2}
$$

其中 ${}^L\mathcal{D}^{\frac{3}{4}}$ 代表阶数为 $\frac{3}{4}$ 的Riemann －Liouville 分数阶导数, $\mathcal{I}^{\frac{1}{4}}$ 是阶数为 $\frac{1}{4}$ 的 Riemann–Liouville 分数阶积分, n 为正整数, $0<t_0<t_1<\cdots<t_n<b$, $z\in[0,\pi]$.

为了将系统 (7.4) 写作 (7.1) 的抽象形式, 选取空间 $X=L^2[0,\pi]$. 定义算子 A 为 $Av=v''$, 其中定义域 $D(A)=\{v\in X: v,v'$ 全连续, $v''\in X, v(0)=v(\pi)=0\}$. 则 A 是一个强连续半群 $\{S(t)_{t\geq 0}\}$ 的无穷小生成元, 且是紧的, 解析的, 自伴的.

另外, A 有离散谱, A 的特征值是 $-n^2, n\in N$, 相对应的正交向量 $e_n(z)=\sqrt{\frac{2}{\pi}}\sin(nz)$. 则 $Az=\sum\limits_{n=1}^{\infty}n^2\langle z,e_n\rangle e_n$.同时, 我们有

(i) 对每一个 $v \in X, S(t)v = \sum_{n=1}^{\infty} \mathrm{e}^{-n^2 t}\langle v, e_n\rangle e_n$, 另外, $S(\cdot)$ 是一致稳定半群且 $\|S(t)\| \le \mathrm{e}^{-t}$;

(ii) 对每一个 $v \in X, A^{-\frac{1}{2}}v = \sum_{n=1}^{\infty} \frac{1}{n}\langle v, e_n\rangle e_n$ 且 $\|A^{-\frac{1}{2}}\|^2 = 1$;

(iii) 算子 $A^{\frac{1}{2}}$ 由 $A^{\frac{1}{2}}v = \sum_{n=1}^{\infty} n\langle v, e_n\rangle e_n \in X$ 给出, 定义域 $D(A^{\frac{1}{2}}) = \{v(\cdot) \in X, \sum_{n=1}^{\infty}\langle v, e_n\rangle e_n \in X\}$.

令 $(W_h v)(z) = \int_0^{\pi} W(z,y)v(y)\mathrm{d}y$, 对于 $v \in E = L^2([0,\pi],\mathbb{R}), z \in [0,\pi]$, 我们假定如下假设成立:

(a) $\omega(s)$ 代表一个一维标准布朗运动.

(b) 函数 $W(z,y), z, y \in [0,\pi]$ 可测且

$$\int_0^{\pi}\int_0^{\pi} W^2(z,y)\mathrm{d}y\mathrm{d}z < +\infty.$$

(c) 函数 $\partial_z W(z,y)$ 可测, $W(0,y) = W(\pi,y) = 0$, 且令

$$\bar{\Lambda} = (\int_0^{\pi}\int_0^{\pi}(\partial_z W(z,y))^2\mathrm{d}y\mathrm{d}z)^{\frac{1}{2}} < L < +\infty.$$

(d) 使得我们能够得到 W_h 是 X 中的有界线性算子. 另外, $W_h(v) \in D(A^{\frac{1}{2}})$, 且 $\|A^{\frac{1}{2}}W_h\|_{L^2[0,\pi]} < +\infty$. 事实上, 由 W_h 的定义和 (ii), 可以得到

$$\langle W_h(v), e_n\rangle = \int_0^{\pi} e_n(z)(\int_0^{\pi} W(z,y)v(y)\mathrm{d}y)\mathrm{d}z = \frac{1}{n}\sqrt{\frac{2}{\pi}}\langle \bar{W}(v), \cos(nz)\rangle,$$

其中 $\bar{W}$ 由

$$(\bar{W}(v))(z) = \int_0^{\pi} W_z(z,y)v(y)\mathrm{d}y$$

定义.

由 (b), 我们知道 $\bar{W}: X \to X$ 是一个有界线性算子且 $\|\bar{W}\|_{L^2[0.b]} \le \bar{\Lambda}$. 因此我们可以写作 $\|A^{\frac{1}{2}}W_h(v)\|^2_{L^2[0,\pi]} = \|\bar{W}(v)\|^2_{L^2[0,\pi]}$.

(iv) 对于函数 $\hat{F}: [0,b] \times [0,\pi] \to [0,\pi]$ 如下条件满足:

(a) 对每一个 $s \in [0,b], \hat{F}(s,\cdot)$ 是连续的, 且对每一个 $u \in X, \hat{F}(\cdot,u)$ 是可测的;

(b) 存在函数 $N(t) \in L^{\frac{1}{2\alpha_1 - 1}}(J), \alpha_1 \in [\frac{1}{2},\alpha)$ 以及连续非降函数 $\vartheta: [0,+\infty) \to (0,+\infty)$, 使得对任意的 $(t,u) \in J \times X$, 有

$$E\|F(t,u(t))\|^2 \le N(t) \times \vartheta(\|u\|_{C_{1-\alpha}}), \lim_{r\to+\infty}\inf\frac{\vartheta(r)}{r}\mathrm{d}s = \Theta < +\infty.$$

在 Y 中定义 fBm, 形式如下

$$B_Q^H(t) = \sum_{n=1}^{\infty} \sqrt(\lambda_n) B_n^H(t) e_n,$$

其中 $H \in (\frac{1}{2}, 1)$ 且 $\{B_n^H,\ n \in N\}$ 是一列相互独立的一维 fBm. 假定函数 $\hat{\sigma} : [0, +\infty) \to \mathcal{L}_2^0(L^2([0,1]), L^2([0,1]))$ 满足

$$\int_0^b \|\hat{\sigma}(s)\|_{L_0^2}^{\frac{2}{2\alpha_1 - 1}} \mathrm{d}s < +\infty, \ \ \forall b > 0.$$

令 $u(t)(z) = u(t, z), t \in J, z \in [0, \pi]$, 函数 $h : [0, b] \times X \to X, F : [0, b] \times X \to L(K, X), g : E \to X, \sigma : J \to \mathcal{L}_2^0(Y, X)$ 分别由 $h(t, u) = W_h(u), \hat{F}(s, u)(z) = F(s, u(z)), g(u) = \sum_{i=0}^{p} \bar{Q} u(t_i), \sigma(t) = \hat{\sigma}(t)$ 定义, 其中

$$\bar{Q}(u) = \int_0^{\pi} k(y, z) u(y) \mathrm{d}y.$$

根据 A, F, h, σ 的选取, 系统 (7.4) 可以看作系统 (7.1) 的抽象形式. 另外, 假定定理 7.1 的假设成立. 从而利用定理 7.1, 我们得到系统 (7.4) 在上述附加假设下在 $[0, b]$ 上存在一个适度解.

参考文献

[1] MAINARDI F. Fractional Calculus: some basic problems in continuum and statistical mechanics [M]. Berlin: Springer, 1997.

[2] SCHNEIDER W R, WYSS W. Fractional diffusion and wave equations [J]. Journal of Mathematical Physics, 1989, 30(1): 134-144.

[3] PODLUBNY I. Fractional differential equations [M]. Mathematics in Science and Engineering, 1999.

[4] HILFER R. Applications of fractional calculus in physics [M]. Singapore: World Scientific, 2000.

[5] ZHOU Y, JIAO F. Existence of mild solutions for fractional neutral evolution equations[J]. Computers Mathematics with Applications, 2010, 59(3):1063-1077.

[6] WANG J, ZHANG Y. Nonlocal initial value problems for differential equations with Hilfer fractional derivative[J]. Applied Mathematics and Computation, 2015, 266:850-859.

[7] MILLER K S, ROSS B. An introduction to the fractional calculus and fractional differential equations [M].New York : John Wiley & Sons Inc, 1993.

[8] ZHOU Y. Basic theory of fractional differential equations [M]. Singapore: World Scientific, 2023.

[9] GU H B, TRUJILLO J J. Existence of mild solutions for evolution equation with Hilfer fractional derivative[J]. Applied Mathematics and Computation, 2015, 257: 344-354.

[10] KILBAS A A, SRIVASTAVA H M, TRUJILLO J J. Theory and applications of fractional differential equations [M]. Amsterdam: Elsevier, 2006.

[11] ZHOU Y, JIAO F. Nonlocal Cauchy problem for fractional evolution equations[J]. Nonlinear Analysis: Real World Applications, 2010, 11(5): 4465-4475.

[12] ZHOU Y, ZHANG L, SHEN X H.Existence of mild solutions for fractional evolution equations[J]. Jounral of Integral Equations Applications, 2013.25(4): 557-586.

[13] LAKSHMIKANTHAM V, VATSALA A S.Basic theory of fractional differential equations[J]. Nonlinear Analysis: Theory, Methods & Applications, 2008, 69(8):2677-2682.

[14] FURATI K M, KASSIM M D, TATAR N E,et al. Existence and uniqueness for a problem involving Hilfer fractional derivative[J]. Computers & Mathematics with Applications, 2012, 64(6): 1616-1626.

[15] ZHOU Y, JIAO F, LI J. Existence and uniqueness for fractional neutral differential equations with infinite delay [J]. Nonlinear Analysis: Theory, Methods & Applications, 2009, 71(7-8): 3249-3256.

[16] BALACHANDRAN K, SATHYA R. Controllability of neutral impulsive stochastic quasilinear integrodifferential systems with nonlocal conditions [J]. Electronic Journal of Differential Equations, 2011, 86: 1-15.

[17] CUI J, YAN L T. Existence result for fractional neutral stochastic integro-differential equations with infinite delay [J]. Journal of Physics A: Mathematical and Theoretical, 2011, 44(33): 335201.

[18] BELMEKKI M, BENCHOHRA M.Existence results for fractional order semilinear functional differential equations with nondense domain [J]. Nonlinear Analysis: Theory, Methods & Applications, 2010, 72(2): 925-932.

[19] BYSZEWSKI L, LAKSHMIKANTHAM V. Theorem about the existence and uniqueness of a solution of a nonlocal abstract Cauchy problem in a Banach space [J]. Applicable Analysis, 1991, 40(1): 11-19.

[20] LIN A H, HU L Y.Existence results for impulsive neutral stochastic functional integro-differential inclusions with nonlocal initial conditions [J]. Computers & Mathematics with Applications, 2010, 59(1): 64-73.

[21] WANG J R, ZHOU Y. A class of fractional evolution equations and optimal controls [J]. Nonlinear Analysis: Real World Applications, 2011, 12(1): 262-272.

[22] CUI J, YAN L. Existence results for impulsive neutral second-order stochastic evolution equations with nonlocal conditions [J]. Mathematical and Computer Modelling, 2013, 57(9-10): 2378-2387.

[23] AGARWAL R P, DE ANDRADE B, SIRACUSA G. On fractional integro-differential equations with state-dependent delay [J]. Computers & Mathematics with Applications, 2011, 62(3): 1143-1149.

[24] MORALES E H, MCKIBBEN M A, HENRIQUEZ H R.Existence results for partial neutral functional differential equations with state-dependent delay [J]. Mathematical and Computer Modelling, 2009, 49(5-6): 1260-1267.

[25] HERNANDEZ E, PIERRI M, GONCALVES G. Existence results for an impulsive abstract partial differential equation with state-dependent delay[J]. Computers & Mathematics with Applications, 2006, 52(3-4):411-420.

[26] HERNANDEZ E, SAKTHIVEL R, AKI S T. Existence results for impulsive evolution differential equations with state-dependent delay [J]. Electronic Journal of Differential Equations, 2008, 28:1-11.

[27] WANG R N, CHEN D H, XIAO T J. Abstract fractional Cauchy problems with almost sectorial operators [J]. Journal of Differential Equations, 2012, 252(1): 202–235.

[28] LI K, PENG J, JIA J.Cauchy problems for fractional differential equations with Riemann - Liouville fractional derivatives [J]. Journal of Functional Analysis, 2012, 263(2): 476–510.

[29] SANDEV T, METZLER R, TOMOVSKI Z.Fractional diffusion equation with a generalized Riemann - Liouville time fractional derivative [J]. Journal of Physics A: Mathematical and Theoretical, 2011, 44(25): 255203.

[30] SHU X B, LAI Y Z, CHEN Y M.The existence of mild solutions for impulsive fractional partial differential equations [J]. Nonlinear Analysis: Theory, Methods & Applications, 2011, 74(5): 2003-2011.

[31] DONCHEV T D. Functional-differential inclusion with monotone right-hand side[J]. Nonlinear Analysis: Theory, Methods & Applications, 1991, 16:533-542.

[32] BENCHOHRA M, OUAHAB A. Initial boundary value problems for second order impulsive functional differential inclusions[J]. Electronic Journal of Qualitative Theory of Differential Equations, 2003, 3:1-10.

[33] BENCHOHRA M, NTOUYAS S K. Nonlocal Cauchy problems for neutral functional differential and integrodifferential inclusions in Banach spaces[J]. Journal of Mathematical Analysis and Applications, 2001, 258(2):573-590.

[34] HADDAD G.Topological properties of the sets of solutions for functional differential inclusions[J]. Nonlinear Analysis: Theory, Methods & Applications, 1981, 5(12):1349-1366.

[35] HADDAD G. Monotone viable trajectories for functional differential inclusions[J]. Journal of Differential Equations, 1981, 42(1):1-24.

[36] HADDAD G, LASRY J M.Periodic solutions of functional differential inclusions and fixed points of σ-selectionable correspondences[J]. Journal of Mathematical Analysis and Applications, 1983, 96(2):295-312.

[37] MAHMUDOV N I. Approximate controllability of semilinear deterministic and stochastic evolution equations in abstract spaces [J]. SIAM Journal on Control and Optimization, 2003, 42(5): 1604-1622.

[38] ARTHI G, PARK J H, JUNG H Y. Existence and controllability results for second-order impulsive stochastic evolution systems with state-dependent delay [J]. Applied Mathematics and Computation, 2014, 248: 328-341.

[39] SAKTHIVEL R, ANANDHI E R. Approximate controllability of impulsive differential equations with state-dependent delay [J]. International Journal of Control, 2010, 83(2): 387-393.

[40] MUTHUKUMAR P, RAJIVGANTHI C. Approximate controllability of impulsive neutral stochastic functional differential system with state-dependent delay in Hilbert spaces [J]. Journal of Control Theory and Applications, 2013, 11(3): 351-358.

[41] MAHMUDOV N I. Approximate controllability of evolution systems with nonlocal conditions [J]. Nonlinear Analysis: Theory, Methods & Applications, 2008, 68(3): 536-546.

[42] MAHMUDOV N I. Approximate controllability of fractional neutral evolution equations in Banach spaces [C]. In: Abstract and Applied Analysis, 2013, 2013(1): 531894.

[43] RYKACZEWSKI K. Approximate controllability of differential inclusions in Hilbert spaces [J]. Nonlinear Analysis: Theory, Methods & Applications, 2012, 75(5): 2701-2712.

[44] SAKTHIVEL R, REN Y, MAHMUDOV N I. Approximate controllability of second-order stochastic differential equations with impulsive effects [J]. Modern Physics Letters B, 2010, 24(14): 1559-1572.

[45] BALASUBRAMANIAM P, MUTHUKUMAR P. Approximate controllability of second-order stochastic distributed implicit functional differential systems with infinite delay [J]. Journal of Optimization Theory Applications, 2009, 143(2): 345-361.

[46] WANG J R, ZHOU Y. Existence and controllability results for fractional semilinear differential inclusions[J]. Nonlinear Analysis: Real World Applications, 2011, 12(6): 3642-3653.

[47] TRIGGIANI R. Controllability and observability in Banach space with bounded operators[J].SIAM Journal on Control and Optimization, 1975, 13:462 - 491.

[48] TRIGGIANI R. A note on the lack of exact controllability for mild solutions in Banach spaces [J]. SIAM Journal on Control and Optimization, 1977, 15(3): 407-411.

[49] WANG J R, ZHOU Y. Complete controllability of fractional evolution systems [J]. Communications in Nonlinear Science and Numerical Simulation, 2012, 17(11): 4346-4355.

[50] OUAHAB A. Fractional semilinear differential inclusions[J]. Computers Mathematics with Applications, 2012, 64(10):3235-3252.

[51] SAKTHIVEL R, GANESH R, ANTHONI S M. Approximate controllability of fractional nonlinear differential inclusions [J]. Applied Mathematics and Computation, 2013, 225: 708-717.

[52] SAKTHIVEL R, GANESH R, REN Y, et al. Approximate controllability of nonlinear fractional dynamical systems [J]. Communications in Nonlinear Science and Numerical Simulation, 2013, 18(12): 3498-3508.

[53] SAKTHIVEL R, GANESH R, SUGANYA S. Approximate controllability of fractional neutral stochastic system with infinite delay [J]. Reports on Mathematical Physics, 2012, 70(3): 291-311.

[54] SAKTHIVEL R, REN Y, MAHMUDOV N I. On the approximate controllability of semilinear fractional differential systems [J]. Computers & Mathematics with Applications, 2011, 62(3): 1451-1459.

[55] SAKTHIVEL R, REVATHI P, REN Y. Existence of solutions for nonlinear fractional stochastic differential equations [J]. Nonlinear Analysis: Theory, Methods & Applications, 2013, 81: 70-86.

[56] SAKTHIVEL R, SUGANYA S, ANTHONI S M. Approximate controllability of fractional stochastic evolution equations [J]. Computers & Mathematics with Applications, 2012, 63(3): 660-668.

[57] VIJAYAKUMAR V, RAVICHANDRAN C, MURUGESU R. Approximate controllability for a class of fractional neutral integro-differential inclusions with state-dependent delay [J]. Nonlinear Studies, 2013, 20(4):513-532.

[58] YAN Z. Approximate controllability of fractional neutral integro-differential inclusions with state-dependent delay in Hilbert spaces [J]. IMA Journal of Mathematical Control and Information, 2013, 30(4): 443-462.

[59] BALASUBRAMANIAM P, TAMILALAGAN P.Approximate controllability of a class of fractional neutral stochastic integro-differential inclusions with infinite delay by using Mainardi's function [J]. Applied Mathematics and Computation, 2015, 256: 232-246.

[60] GUENDOUZI T, BOUSMAHA L. Approximate controllability of fractional neutral stochastic functional integro-differential inclusions with infinite delay [J]. Qualitative Theory of Dynamical Systems, 2014, 13: 89-119.

[61] MAHMUDOV N I. Existence and approximate controllability of Sobolev type fractional stochastic evolution equations [J]. Bulletin of the Polish Academy of Sciences Technical Sciences, 2014, 62(2):205-215.

[62] MAHMUDOV N I, MCKIBBEN M A. On the Approximate Controllability of Fractional Evolution Equations with Generalized Riemann-Liouville Fractional Derivative [J]. Journal of Function Spaces, 2015(1): 263823.

[63] YAN Z M. Approximate controllability of partial neutral functional differential systems of fractional order with state-dependent delay [J]. International Journal of Control, 2012, 85(8): 1051-1062.

[64] YAN Z M, JIA X M. Approximate controllability of partial fractional neutral stochastic functional integro-differential inclusions with state-dependent delay [J]. Collectanea Mathematica, 2015, 66(1): 93-124.

[65] BOCHNER S. A new approach to almost periodicity[J]. Proceedings of the National Academy of Sciences of the United States of America, 1962, 48(12): 2039-2043.

[66] BOHR H. Almost periodic functions [M]. New York:Courier Dover Publications, 1989.

[67] N'GUÉRÉKATA G M, Topics in almost automorphy [M]. New York: Springer, 2005.

[68] DIAGANA T. Almost automorphic type and almost periodic type functions in abstract spaces [M]. New York: Springer, 2013.

[69] XIA Z N. Weighted pseudo periodic solutions of neutral functional differential equations [J]. Electronic Journal of Differential Equations, 2014,191: 1-17.

[70] ANDRADE F, CUEVAS C, SILVA C, et al. Asymptotic periodicity for hyperbolic evolution equations and applications [J]. Applied Mathematics and Computation, 2015, 269: 169-195.

[71] AGARWAL R P, DE ANDRADE B, CUEVAS C. Weighted pseudo-almost periodic solutions of a class of semilinear fractional differential equations [J]. Nonlinear Analysis: Real World Applications, 2010, 11(5): 3532-3554.

[72] CUEVAS C, HERNÁNDEZ E. Pseudo-almost periodic solutions for abstract partial functional differential equations [J]. Applied Mathematics Letters, 2009, 22(4): 534-538.

[73] CHEN X X, HU X Y. Weighted pseudo almost periodic solutions of neutral functional differential equations [J]. Nonlinear Analysis: Real World Applications, 2011, 12(1): 601-610.

[74] CUESTA E. Asymptotic behaviour of the solutions of fractional integro-differential equations and some time discretizations [C]\\ Discrete And Continuous Dynamical Systems. Journal of Dynamics and Differential Equations. Proceedings of the 6th International Conference on Informatics,2007,suppl.: 277-285.

[75] DOS SANTOS J P C, CUEVAS C. Asymptotically almost automorphic solutions of abstract fractional integro-differential neutral equations [J]. Applied Mathematics Letters, 2010, 23(9):960-965.

[76] ZHANG R, CHANG Y K, Ń'GUÉRÉKATA G M. New composition theorems of Stepanov-like weighted pseudo almost automorphic functions and applications to nonautonomous evolution equations [J]. Nonlinear Analysis: Real World Applications, 2012, 13(6):2866-2879.

[77] ZHENG Z M, DING H S. On completeness of the space of weighted pseudo almost automorphic functions [J]. Journal of Functional Analysis, 2015, 268(10):3211-3218.

[78] LI Z, LIU K, LUO J. On almost periodic mild solutions for neutral stochastic evolution equations with infinite delay [J]. Nonlinear Analysis: Theory, Methods & Applications, 2014, 110:182-190.

[79] MOPHOU G M. Weighted pseudo almost automorphic mild solutions to semilinear fractional differential equations [J]. Applied Mathematics and Computation, 2011, 217(19):7579-7587.

[80] REVATHI P, SAKTHIVEL R, REN Y, et al. Existence of almost automorphic mild solutions to non-autonomous neutral stochastic differential equations [J]. Applied Mathematics and Computation, 2014, 230:639-649.

[81] SAKTHIVEL R, REVATHI P, ANTHONI S M. Existence of pseudo almost automorphic mild solutions to stochastic fractional differential equations [J]. Nonlinear Analysis: Theory, Methods & Applications, 2012, 75(7):3339-3347.

[82] AGARWAL R P, CUEVAS C, SOTO H, EL-GEBEILY M. Asymptotic periodicity for some evolution equations in Banach spaces [J]. Nonlinear Analysis: Theory, Methods & Applications, 2011, 74(5):1769-1798.

[83] ALVAREZ E, LIZAMA C, PONCE R. Weighted pseudo antiperiodic solutions for fractional integro-differential equations in Banach spaces[J]. Applied Mathematics and Computation, 2015, 259:164-172.

[84] HENRÍQUEZ H R, PIERRI M, TÁBOAS P. Existence of S-asymptotically ω-periodic solutions for abstract neutral equations [J]. Bulletin of the Australian Mathematical Society, 2008, 78(3): 365-382.

[85] NICOLA S H J, PIERRI M. A note on S-asymptotically periodic functions[J]. Nonlinear Analysis: Real World Applications, 2009, 10(5):2937-2938.

[86] CAICEDO A, CUEVAS C, MOPHOU G M,et al. Asymptotic behavior of solutions of some semilinear functional differential and integro-differential equations with infinite delay in Banach spaces[J]. Journal of the Franklin Institute, 2012, 349(1):1-24.

[87] DE ANDRADE B, CUEVAS C. S-asymptotically ω-periodic and asymptotically ω-periodic solutions to semi-linear Cauchy problems with non-dense domain[J]. Nonlinear Analysis: Theory, Methods & Applications, 2010, 72(6):3190-3208.

[88] CUEVAS C, DE SOUZA J C. S-asymptotically ω-periodic solutions of semilinear fractional integro-differential equations[J]. Applied Mathematics Letters, 2009, 22(6):865-870.

[89] CUEVAS C, DE SOUZA J C. Existence of S-asymptotically ω-periodic solutions for fractional order functional integro-differential equations with infinite delay[J]. Nonlinear Analysis: Theory, Methods & Applications, 2010, 72(3-4):1683-1689.

[90] CUEVAS C, LIZAMA C. S-asymptotically $\omega-$periodic solutions for semilinear Volterra equations[J]. Mathematical Methods in the Applied Sciences, 2010, 33(13):1628-1636.

[91] CUEVAS C, LIZAMA C. Existence of S-asymptotically ω-periodic solutions for two-times fractional order differential equations[J]. Southeast Asian Bulletin of Mathematics, 2013, 37(5):683-690.

[92] DOS SANTOS J P C, RABELO M N, HENRIQUE M L. Asymptotic almost automorphic and S-asymptotically ω-periodic solutions to partial differential equations[J]. Advances in Differential Equations and Control Processes, 2012, 9: 45-61.

[93] SHU X B, XU F, SHI Y J.S-asymptotically ω-positive periodic solutions for a class of neutral fractional differential equations[J]. Applied Mathematics and Computation, 2015, 270:768-776.

[94] PIERRI M, ROLNIK V. On pseudo S-asymptotically ω-periodic functions [J]. Bulletin of the Australian Mathematical Society, 2013, 87(2): 238-254.

[95] XIA Z N.Pseudo asymptotically periodic solutions of two-term time fractional differential equations with delay [J]. Kodai Mathematical Journal, 2015, 38(2): 310-332.

[96] ABBAS S. Pseudo almost automorphic solutions of some nonlinear integro-differential equations[J]. Computers & Mathematics with Applications, 2011, 62(5):2259-2272.

[97] PAZY A.Semigroups of linear operators and applications to partial differential equations [M]. Berlin: Springer Science Business Media, 1983.

[98] DEIMLING K. Multivalued differential equations [M]. Berlin: Walter de Gruyter, 1992.

[99] BOTHE D. Multivalued perturbations of m-accretive differential inclusions[J]. Israel Journal of Mathematics, 1998, 108: 109-138.

[100] KAMENSKII M I, OBUKHOVSKII V V, ZECCA P. Condensing multivalued maps and semilinear differential inclusions in Banach spaces [M]. Berlin: Walter de Gruyter, 2011.

[101] HU S C, PAPAGEORGIOU N S. Handbook of multivalued analysis: Volume II: Applications [M]. Berlin: Springer Science Business Media, 1997.

[102] DEBBOUCHE A, TORRES D F M. Approximate controllability of fractional delay dynamic inclusions with nonlocal control conditions[J]. Applied Mathematics and Computation, 2014, 243: 161-175.

[103] CUEVAS C, HENRÍQUEZ H R, SOTO H. Asymptotically periodic solutions of fractional differential equations[J]. Applied Mathematics and Computation, 2014, 236: 524-545.

[104] BANAŚ J, GOEBEL K. Measure of Noncompactness in Banach Spaces [M]. New York: Marcel Dekker Inc., 1980.

[105] LIU Y L, LV J Y. Existence results for Riemann–Liouville fractional neutral evolution equations[J]. Advances in Difference Equations, 2014,83: 1-16.

[106] GUO D, LAKSHMIKANTHAM V, LIU X Z. Nonlinear integral equations in abstract spaces[M]. Netherlands: Kluwer Academic Publishers, 1996.

[107] MÖNCH H. Boundary value problems for nonlinear ordinary differential equations of second order in Banach spaces[J]. Nonlinear Analysis: Theory, Methods & Applications, 1980, 4(5): 985-999.

[108] JI D S, ZHANG C Y. Translation invariance of weighted pseudo almost periodic functions and related problems [J]. Journal of Mathematical Analysis and Applications, 2012, 391(2): 350-362.

[109] HENRÍQUEZ H R, PIERRI M, TÁBOAS P. On S-asymptotically ω-periodic functions on Banach spaces and applications [J]. Journal of Mathematical Analysis and Applications, 2008, 343(2): 1119-1130.

[110] PIERRI M. On S-asymptotically ω-periodic functions and applications[J]. Nonlinear Analysis: Theory, Methods Applications, 2012, 75(2):651-661.

[111] HENRÍQUEZ H R, PIERRI M, ROLNIK V. Pseudo S-asymptotically periodic solutions of second-order abstract Cauchy problems [J]. Applied Mathematics and Computation, 2016, 274: 590-603.

[112] LIU X H, LIU Z H, BIN M J. Approximate controllability of impulsive fractional neutral evolution equations with Riemann–Liouville fractional derivatives [J]. Journal of Integral Equations and Applications, 2014, 17(3):527-551.

[113] HALE J K, KATO J. Phase space for retardedequations with infinitesimal delay [M]. Funkcial Ekvac, 1978, 21: 11-41.

[114] REN Y, HOU T T, SAKTHIVEL R, et al. A note on the second-order non-autonomous neutral stochastic evolution equations with infinite delay under Caratheodory conditions [J]. Applied Mathematics and Computation, 2014, 232: 658-665.

[115] CARABALLO T, GARRIDO-ATIENZA M J, TANIGUCHI T. The existence and exponential behavior of solutions to stochastic delay evolution equations with a fractional Brownian motion[J]. Nonlinear Analysis: Theory, Methods & Applications, 2011, 74(11):3671-3684.

[116] DENG S F, SHU X B, MAO J Z. Existence and exponential stability for impulsive neutral stochastic functional differential equations driven by fBm with noncompact semigroup via Monch fixed point[J]. Journal of Mathematical Analysis and Applications, 2018, 467(1):398-420.

[117] LAKHEL E, MCKIBBEN M A. Existence of solutions for fractional neutral functional differential equations driven by fBm with infinite delay[J]. Stochastics, 2018, 90(3):313-329.